北京	Beijing
天津	Tianjin
上海	Shanghai
重庆	Chongqing
石家庄	Shijiazhuang
哈尔滨	Ha'erbin
长春	Changchun
沈阳	Shenyang
南京	Nanjing
杭州	Hangzhou
福州	Fuzhou
合肥	Hefei
济南	Jinan
武汉	Wuhan
长沙	Changsha
广州	Guangzhou
南宁	Nanning
海口	Haikou
成都	Chengdu
拉萨	Lhasa
西安	Xi'an
兰州	Lanzhou
西宁	Xining
乌鲁木齐	Urumqi
深圳	Shenzhen
大连	Dalian
青岛	Qingdao
厦门	Xiamen
唐山	Tangshan
无锡	Wuxi
淮南	Huainan
洛阳	Luoyang
淄博	Zibo
邯郸	Handan
苏州	Suzhou
汕头	Shantou
秦皇岛	Qinhuangdao
烟台	Yantai
湛江	Zhanjiang
北海	Beihai
威海	Weihai
扬州	Yangzhou

中国城市规划学会
中国建筑学会　联合编著
中国风景园林学会

新中国城市规划建设60年

城市奇迹

MIRACLES OF CITY

CHINA'S URBAN PLANNING
AND CONSTRUCTION IN 60 YEARS

中国建筑工业出版社

图书在版编目(CIP)数据

城市奇迹——新中国城市规划建设60年 / 中国城市规划学会，中国建筑学会，中国风景园林学会联合编著.—北京：中国建筑工业出版社，2009
 ISBN 978-7-112-11462-7

Ⅰ.城… Ⅱ.①中…②中…③中… Ⅲ.城市规划-成就-中国—1949~2009 Ⅳ.TU984.2

中国版本图书馆CIP数据核字（2009）第186225号

责任编辑：张振光　张幼平　费海玲
责任设计：董建平
责任校对：兰曼利　王雪竹

城市奇迹——新中国城市规划建设60年
Miracles of City — China's Urban Planning and Construction in 60 Years
中国城市规划学会
中国建筑学会　　联合编著
中国风景园林学会
＊
中国建筑工业出版社 出版、发行（北京西郊百万庄）
各地新华书店、建筑书店经销
北京美光制版有限公司制版
北京盛通印刷股份有限公司印刷
＊
开本：965×1270毫米　1/16　印张：22 1/4　字数：890千字
2009年10月第一版　　2009年10月第一次印刷
定价：180.00元
ISBN 978-7-112-11462-7
　　（18706）

版权所有　翻印必究
如有印装质量问题，可寄本社退换
（邮政编码100037）

Editorial Committees 编委

中国城市规划学会
中国建筑学会　联合编著
中国风景园林学会

主　编：石　楠　周　畅　金荷仙
顾　问（以姓氏笔画为序）：

马国馨　王伯扬　王秉洛　王珮云　甘伟林　石　楠
刘家麒　刘运琦　朱文一　庄惟敏　李先逵　吴劲章
张惠珍　邹德慈　杨玉培　杨雪芝　陈　敏　陈为邦
金荷仙　周　畅　胡绍学　姜中光　施奠东　宣祥鎏
赵士修　夏丽卿　曹亮功　黄星元　窦以德

Foreword 前 言

60年，在历史的长河中只是一瞬间，然而，新中国的60年，中止了百年屈辱的历史走向，改变了中国人的命运，也改变了世界政治、经济格局。对于城市规划建设而言，新中国的建立，也掀开了历史性的辉煌篇章。

新中国成立前夕，毛泽东就发出了工业化、城镇化的动员令，要把"工作重心由农村移到城市"，"用极大的努力去学会管理城市和建设城市"，新中国的城市规划体系正是在恢复和重建经济的关键时刻应运而生。在首都，1949年5月就成立了"都市计划委员会"，并于1957年正式提出《北京城市建设总体规划初步方案》。在中央，主管全国工作的城市规划处1953年正式设立，《城市规划编制暂行办法》这个新中国首部城市规划法规于1956年问世。"一五"在经济上的巨大成就奠定了城市规划的地位，传统的"匠人"行当史无前例地有机会共商国是，参与到重大决策中。

改革开放后，城市规划的重要性又一次得到体现。唐山大地震让人们认识到城市安全和城市规划的重要性，面对纵横交错的市政管线，只有规划部门才能及时拿出历史资料，并提出城市的重建方案。城市土地有偿使用后，计划经济的管理手段面临挑战，规划部门吸取欧美经验，提出了控规这一管制手段。投资体制改革后，市场的作用逐步发挥，招商引资成为首要任务，传统的项目审批制不再奏效，城市规划适时加强了综合协调，作为企业投资监管体系的组成部分，城市规划被赋予新的职能。"分税制"实行后，一些地方政府急功近利，建设脱离实际的形象工程、政绩工程，城市规划强化了公共政策属性，加强了规划监督。

今天，在举国上下庆祝新中国成立60周年的日子里，回顾和总结60年来城市规划工作的经验，不仅对我国的规划理论建设意义重大，而且对于国际规划界的学术研究也同样价值非凡。美国经济学家斯蒂格里茨曾将中国的城市化称作是21世纪影响人类过程最主要的两件大事之一，如果他的断言成立的话，保障中国城市化进程健康发展的城市规划，理所当然地也应该对于国际规划理论作出突出贡献。

事实上，没有几个国家像我们这样经历了计划经济和市场经济两种体制，而规划建设管理始终与体制的变革紧密协调；没有哪个人口大国能在实现工业化的同时，只用60年的时间，就将城镇化水平提高了35个百分点；没有几个国家能以如此低的人均资源水平，有效地解决如此庞大的人口的生存与发展需求；更没有哪个国家能在600多个城市、20000个镇同时铺开无以计数的工地，让所有的城镇在30年内焕然一新。在这种举世无双的建设和发展背后，是城市规划建设领域无与伦比的巨大贡献。

当然，回顾这段历史，我们也不应该忘记，"大跃进"中出现的城市建设规模过大、标准过高、占地过多、城市改扩建求新过急的"四过"现象，以及随后中央宣布三年不搞规划的过程；不应该忘记"十年动乱"造成规划废弛的可悲局面；不应该忘记前几年一些城市盲目做大规模，圈地生财，导致规划受到社会批评的教训。

60年的实践证明了一个简单的道理：国运兴，规划兴，城市兴。城市规划建设事业的蓬勃发展，有赖于国家的兴旺、经济的繁荣。反过来，只有符合经济社会发展规律的规划，才能真正发挥作用。

值此举国欢庆的时候，中国城市规划学会联合中国建筑学会、中国园林学会和各地规划建设部门，编著了这本《城市奇迹——新中国城市规划建设60年》，希望以形象的资料，记载新中国城市规划建设领域的辉煌成就，向新中国60华诞献礼。

石 楠

2009年9月

前言 Foreword

Contents 目录

北京 Beijing / 2
天津 Tianjin / 16
上海 Shanghai / 26
重庆 Chongqing / 40
石家庄 Shijiazhuang / 44
哈尔滨 Ha'erbin / 52
长春 Changchun / 60
沈阳 Shenyang / 68
南京 Nanjing / 76
杭州 Hangzhou / 88
福州 Fuzhou / 96
合肥 Hefei / 102
济南 Jinan / 112
武汉 Wuhan / 116
长沙 Changsha / 124
广州 Guangzhou / 130
南宁 Nanning / 142
海口 Haikou / 148
成都 Chengdu / 158
拉萨 Lhasa / 170
西安 Xi'an / 176

兰州 Lanzhou / 188

西宁 Xining / 192

乌鲁木齐 Urumqi / 196

深圳 Shenzhen / 202

大连 Dalian / 214

青岛 Qingdao / 220

厦门 Xiamen / 228

唐山 Tangshan / 238

无锡 Wuxi / 246

淮南 Huainan / 258

洛阳 Luoyang / 262

淄博 Zibo / 272

邯郸 Handan / 276

苏州 Suzhou / 280

汕头 Shantou / 290

秦皇岛 Qinhuangdao / 300

烟台 Yantai / 310

湛江 Zhanjiang / 314

北海 Beihai / 320

威海 Weihai / 324

扬州 Yangzhou / 330

附录 光辉的历程 / 336
Appendix　A Glorious Process

| 兰州 Lanzhou |
| 西宁 Xining |
| 乌鲁木齐 Urumqi |
| 深圳 Shenzhen |
| 大连 Dalian |
| 青岛 Qingdao |
| 厦门 Xiamen |
| 唐山 Tangshan |
| 无锡 Wuxi |
| 淮南 Huainan |
| 洛阳 Luoyang |
| 淄博 Zibo |
| 邯郸 Handan |
| 苏州 Suzhou |
| 汕头 Shantou |
| 秦皇岛 Qinhuangdao |
| 烟台 Yantai |
| 湛江 Zhanjiang |
| 北海 Beihai |
| 威海 Weihai |
| 扬州 Yangzhou |

北京 Beijing
天津 Tianjin
上海 Shanghai
重庆 Chongqing
石家庄 Shijiazhuang
哈尔滨 Ha'erbin
长春 Changchun
沈阳 Shenyang
南京 Nanjing
杭州 Hangzhou
福州 Fuzhou
合肥 Hefei
济南 Jinan
武汉 Wuhan
长沙 Changsha
广州 Guangzhou
南宁 Nanning
海口 Haikou
成都 Chengdu
拉萨 Lhasa
西安 Xi'an

新中国城市规划建设 60 年

城市奇迹

MIRACLES OF CITY

CHINA'S URBAN PLANNING
AND CONSTRUCTION IN 60 YEARS

北京

Beijing

北京是中华人民共和国的首都、全国的政治文化中心、世界著名古都和现代国际城市。

北京位于华北平原的北端，北以燕山山地与内蒙古高原接壤，西以太行山与山西高原毗连，东北与松辽大平原相通，东南距渤海约150km，往南与黄淮海平原连片。北京傍山面海，腹地辽阔，自然条件优越，地理位置极为重要，汉族与少数民族自古在这里融汇交流，共同推动了统一的多民族国家的发展。北京全市面积16801.25km^2，2008年全市实现地区生产总值10488亿元。2008年末，全市常住人口为1695万人，年末户籍人口1229.9万人。

北京

    北京市城市发展非常迅速。新中国成立之初，北京城区房屋建筑面积仅有2000多万m^2，而到今天，全市国有土地上房屋建筑面积已达60565万m^2。2008年，北京房屋建设年竣工量达到4814万m^2，分别比解放初期的200多万m^2、改革开放初期的400多万m^2增长近24倍和12倍。

    根据北京城市总体规划，北京已经初步建立起了"两轴－两带－多中心"的城市新格局。最新的《北京城市总体规划(2004～2020年)》确定，北京市的定位是"国家首都、世界城市、文化名城和宜居城市"。2020年，北京市总人口规模控制在1800万人左右，建设用地规模控制为1650km^2。在北京市域范围内，构建"两轴—两带—多中心"的城市空间结构。"两轴"是指沿长安街的东西轴和传统中轴线的南北轴。"两带"是指包括通州、顺义、亦庄等的"东部发展带"和包括大兴、房山、昌平等的"西部发展带"。"多中心"是指在市域范围内建设多个服务全国、面向世界的城市职能中心，提高城市的核心功能和综合竞争力，疏解中心区过度聚集的人口和功能。在"两轴—两带—多中心"的城市空间结构的基础上，形成中心城—新城—镇的市域城镇结构。

天安门广场建筑群

　　天安门广场是世界上面积最大的广场，从1949年开国大典至今，凡是国家重大事件及集会都在此举行，可以说天安门广场是中华人民共和国历史的真实写照和记录者。

　　天安门广场周边建筑包括天安门城楼、人民大会堂、国家博物馆（原中国革命历史博物馆）、毛主席纪念堂、人民英雄纪念碑、国旗旗杆等建筑。天安门城楼建于1420年，距今已有近600年历史，期间历经几次大修，特别是1969～1970年间的大修提高了城楼高度，使其显得更加雄伟壮丽。人民大会堂和中国革命历史博物馆均为20世纪50年代国庆十大工程，而人民英雄纪念碑已经成为追溯历史、怀念先辈、对后代进行爱国主义教育的基地。

　　天安门广场历经几代人的建设，无论广场规模还是周边建筑，都已成为中国人民心中的圣地。

1. 天安门已成为新中国的象征
2. 天安门南边的金水桥及广场

1. 天安门广场西边的人民大会堂
2. 广场中心的人民英雄纪念碑
3. 广场东侧的国家博物馆
4. 广场上的毛主席纪念堂

奥林匹克公园

奥林匹克公园位于北京市北中轴线，规划总用地面积1159hm²，其中森林公园占地面积约680hm²、中心区（北四环路以北至辛店村路）315hm²（含奥运村、大屯路、成府路）、现状国家奥林匹克体育中心用地及南部预留地114hm²，中华民族园及部分北中轴用地50hm²。

奥林匹克公园规划为多功能公共活动区域，集体育、文化、展览、休闲、旅游观光于一体，是举办奥运会的核心区域。公园内保留保护了大量历史遗存，包括北顶娘娘庙、龙王庙及其他墓、碑、华表等，与公园的景观设计整体考虑，充分体现了文物的历史价值和景观价值。

奥林匹克森林公园在奥林匹克公园的北部，是城市总体规划中第一道绿色隔离地区的重要组成部分，在城市的生态结构规划中起着重要的作用，是保证城市的生态质量的重要公共绿地。

奥林匹克公园中心区集中了10项比赛的10个场馆，并包括奥运村、国际广播中心、主新闻中心等重要设施，是奥运会最重要的区域。中心区总建筑面积约350万m²，主要包括体育设施、文化设施、会议设施、居住设施和商业服务设施。

奥林匹克公园中心区鸟瞰

夜色中的"鸟巢"

熠熠生辉"水立方"

1. "鸟巢"东侧水面
2. 奥林匹克公园下沉式广场

1. 奥运村内1
2. 奥运村内2
3. 奥运村标志
4. 奥运村内3
5. 奥运村内4
6. 奥运村内5

首都机场航站楼

　　首都机场航站楼最早于1955年开始建设，1958年正式投入使用，最初的航站楼建筑面积仅为一万多平方米，每小时可以接待旅客230人，主要是为中央和地方官员往来出访和邮递提供服务。后经过1979年、1999年及2008年三次扩建，现在首都机场已成为国内最大规模的航空枢纽基地，是中国第一个拥有三座航站楼、双塔台、三条跑道同时运营的机场。

　　2008年竣工的首都机场T3航站楼是同类建筑的经典之作，是目前世界上最大的单体航站楼，体现了当今枢纽机场航站楼发展中最先进的理念。它强调以人为本和生态节能，通过诗意与理性并存的设计手法构成了一个面向未来的世界级枢纽机场航站楼。2007年，首都机场T3航站楼被英国《泰晤士报》评为当时正在建设的全球十大建筑奇迹之一。

1. 首都机场1
2. 首都机场2
3. 首都机场3
4. 首都机场4

天津

Tianjin

天津位于华北平原东北部,是北京的海上门户和中国华北、西北等省区的重要出海口,从1404年明朝筑城设卫至今,已有六百余年的发展历史。

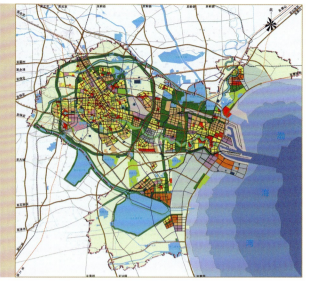

2006年版天津市城市总体规划中心城市用地规划图

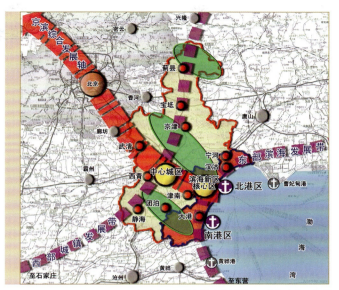

2009年天津市空间发展战略规划——总体战略示意图

1996年版天津市城市总体规划中心城市总体规划图

1986年版天津市城市总体规划天津市区及滨海地区规划图

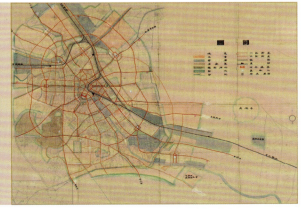

1953年天津市城市建设初步规划方案

  新中国成立以来，在历次城市总体规划的引导下，天津取得了卓越的建设成就。60年来，城市规划适应不同的时代背景，不断强化城市功能。

  解放初期，面对全国经济百废待兴的局面，天津制订了"综合性工业城市，华北水陆交通枢纽"的发展目标，促进了经济的迅速恢复和发展。改革开放以后，"综合性工业基地"和"现代化的港口城市"的定位为经济的迅速崛起和港口快速发展打下了坚实的基础。目前，天津正朝着"国际港口城市、北方经济中心和生态城市"这一新的城市目标迈进。人均GDP由解放初期的102元增加到现在的55473元，达到中等发达国家水平。

  60年来，城市规划始终统筹城市发展和建设。从租界时期各自为政的道路建设，到"三环十四射"中心城区路网主骨架，从解放初期集中式城市布局到"一个扁担挑两头"，一直到如今的"一轴两带三区"，从解放后重新开港通航，到两港（海港、空港）两路（高速公路、高速铁路）快速建设，城市规划不断描绘着建设现代化综合交通枢纽、国际航运中心和国际物流中心的宏伟蓝图，建成区用地规模由解放时的53km²增长到1210km²，人口规模也从179万增长到1176万人。

  60年来，城市规划一直致力于提高人民生活质量。从解放初期的工人新村规划到住房建设规划，从大规模基础设施建设到海河两岸综合开发改造，从中心城区绿地系统规划到生态城市建设规划，天津人居环境质量得到了显著改善。人均居住建筑面积从解放初期的3.5m²提高到28.5m²，人均公共绿地面积也从解放初期的0.29m²增加到7m²以上。

  60年来，城市规划使得历史、自然和人文和谐交融，城市特色不断凸显。老城厢的钟鼓楼、五大道的小洋楼，一批批载入规划保护的风貌建筑记载着城市深厚的历史文化底蕴；蓟县的绿水青山到团泊湖一湖秋水，一幅幅自然美景彰显着城市山、海、河、湖、湿地等独特的自然风貌；从百年东站改造更新和小白楼、南京路的商业繁华，到滨海新区金融商务区一栋栋拔地而起的摩天大楼，充分展现了现代化大都市气息。

  目前，天津滨海新区纳入国家发展战略，空客A320总装线、中新天津生态城等一批国家重大项目落户，天津正站在新的起点上，在"双城双港、相向拓展、一轴两带、南北生态"的总体战略指引下，以崭新的形象走向世界。

天津市奥林匹克中心体育场（水滴）

天津奥林匹克中心

占地面积　96.6hm²

　　天津奥林匹克中心位于市区西南部，总投资为8.8亿美元，分为竞技区、综合区、住宅区三个区，总计占地96.6hm²。

　　天津奥林匹克中心体育场位于奥林匹克中心内，占地34.5hm²，建筑面积15.8万㎡，总投资14.8亿元，2003年8月动工。设计方案由日本佐藤综合计画公司完成，整个中心体育场占地7.8万㎡，体育场南北长380m，东西长270m，高53m，设计分为6层。不仅可满足国际足球和田径比赛要求，而且还设有卖场、展馆、会议厅、健身室等多项辅助设施，是融群众休闲、娱乐、健身、购物于一体的综合性体育场。

| 1 | 2 | 3 |

1. 天津滨海新区2009版总体规划土地利用规划图
2. 天津滨海新区总体结构图
3. 天津滨海新区总体用地布局图

天津滨海新区

设计单位　天津市城市规划设计研究院

　　滨海新区城市总体规划范围为滨海新区陆域全部2270km²，同时对近海滩涂地区统筹考虑。规划期末滨海新区常住人口达600万人，城镇建设用地720km²，地区生产总值15000亿元。

　　为充分发挥滨海新区的引擎、示范、服务、门户和带头作用，立足融入区域，服务区域，扩大同京津冀、环渤海地区以及东北亚的合作联系，依据天津市空间发展总体战略，滨海新区实施"一核双港、九区支撑、龙头带动"的发展策略。

　　在城市空间布局模式上，整合各城区和功能区，形成"一城双港三片区"的城市空间结构，实现中服务、南重化、北旅游、西高新发展方向与格局。规划形成"两带一核心"的产业空间布局，沿津滨走廊形成高新技术产业带，打造中国北方的研发和先进制造业高地。

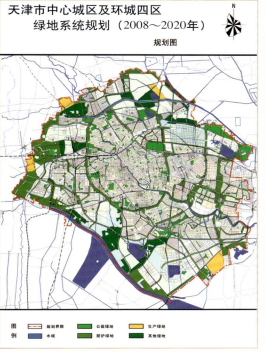
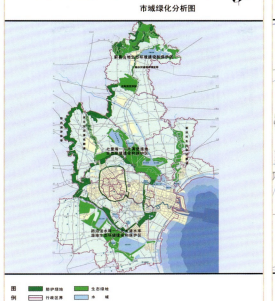
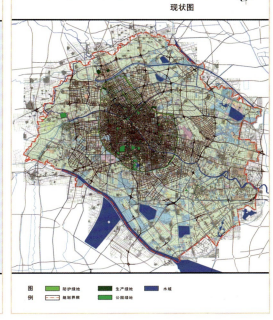

天津市绿化体系规划

设计单位 天津市城市规划设计研究院

  天津市倚山临海，是我国北方少有的山、河、湖、海、湿地、平原等地形地貌兼备的大都市。

  天津市城区外围区域通过外围屏障、生态缓冲区和生态保护区共同构成城市外围绿化体系。中心城区通过环城绿带作为绿色保护屏障，城区周边的楔形绿地形成城市绿肺，道路、河流形成绿色廊道，从而形成点、线、面、带、网、片相结合的城市绿化结构体系。

  中心城区实现绿色家园规划提出的"人文化"目标，也就是"三、五、三、一零"计划，实现市民与绿色"零距离"，并为此目标提出了"绿点、绿块、绿园、绿景、绿环、绿脉、绿荫、绿屏"八大建设工程规划。

  通过绿化体系的构建，到2010年，天津市绿化覆盖率将达到45%，各项绿化指标达到或超过国家绿化先进城市的标准。

1. 绿化体系1
2. 绿化体系2
3. 绿化体系3

天津市电视塔塔区

平面规划　　天津市规划设计研究院
占地面积　　22hm²

1
2

1. 天津电视塔塔区俯瞰
2. 华灯初上时的天津电视塔

　　天津电视塔（简称"天塔"）位于天津市西南聂公桥下三角地，总占地面积22hm²，电视塔高415.2m，1988年6月开始动工，1991年10月1日竣工。

　　天塔塔区总平面规划突出了"水"和"绿"两个字，拆除塔区内旧建筑，扩大现状水面，增加绿化，使塔区视野开阔，电视塔从水中拔起，成为"津门一景"之一——天塔旋云。

　　天塔不仅自成一景，而且新辟50m宽的天塔道，两侧规划为商业配套建筑，将天塔塔区与水上公园两个景区融为一体，相互辉映。

1. 海河新貌
2. 金刚桥堤岸景观
3. 三岔河口

天津市海河综合开发改造

设计单位　　天津市城市规划设计研究院

　　海河全长72km，是天津的母亲河，也是天津历史发展的命脉。
　　解放初期，海河主要承担航运交通功能，海河沿线主要以漕运码头、工业仓储为主，跨河桥梁也仅有3座。解放以后，天津市政府多次根治海河。2003年2月，天津市委作出"实施海河两岸综合开发建设"的战略决策，建设海河经济带、文化带和景观带。自此，海河发生了翻天覆地的变化，形成了融历史文化、都市休闲、中央商务等功能于一体的城市发展的主轴线。新建古文化街、水上运动世界等"六大"功能区，新增及改造桥梁18座，整修堤岸二十余公里，成为令天津人无比荣耀的魅力之河。

天津市梅江南居住区修建性详细规划

天津市梅江南居住区

设计单位	天津市城市规划设计研究院
规划用地	240hm²

梅江南居住区规划总用地240hm²，总建筑面积143万m²，居住人数23000人，容积率0.75，总建筑密度14%，绿地率58%，水面面积占居住用地的28%。

建设之前，梅江南居住区大部分用地是鱼塘，树木较多。结合原有地形条件，强调居住区水环境的特色，做好"水"的文章是梅江南居住区规划的一大重点。在水面用地比例一定的前提下，通过设计手段，用湖、河、岛、堤组合等设计手段的变化，拉长岸线，形成"水绕城转，城在水中"的效果。方案突出水面与陆地的交织，规划以水贯穿整个居住区，用水分割出15个居住组团和2个公建组团，每个组团都以半岛形式围绕着中心水面。居住在梅江南居住区的人从自家住宅内就能看见水、感受水，能很方便地走到水边，在水岸散步、休息、玩耍，享受自然给予的无限乐趣。

1
2
3

1. 梅江南居住区水景
2. 梅江南居住区住宅
3. 梅江南居住区水岸石趣

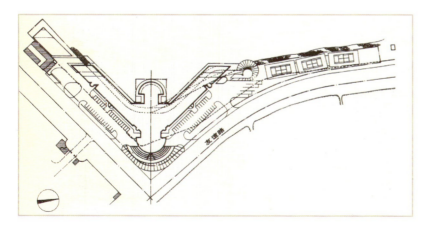

1. 水晶宫饭店
2. 水晶宫饭店总平面图

水晶宫饭店

建筑区位　天津市河西区友谊路
设计单位　美国吴湘设计事务所和天津市建筑设计院

　　1987年竣工的水晶宫饭店是天津市旅游总公司与美国美吴国际有限公司合资兴建，并聘请瑞士航空公司所属瑞士饭店集团管理的豪华饭店。建筑面积2.9万m^2，占地约2万m^2，共有363间、348套客房，床位697张。该建筑结构为7层板柱剪力墙结构。

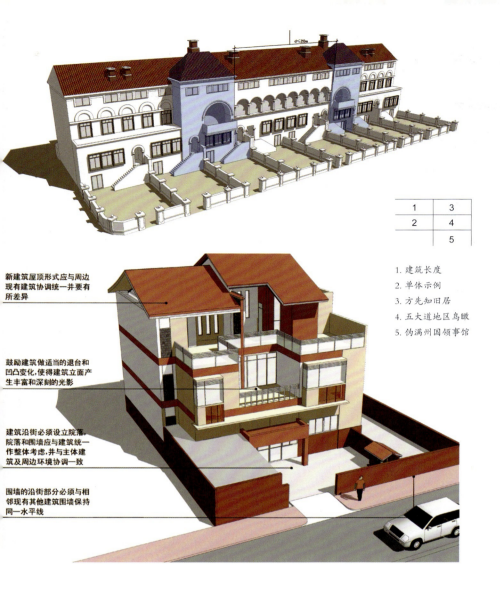

新建筑屋顶形式应与周边现有建筑协调统一并要有所差异

鼓励建筑做适当的退台和凹凸变化，使得建筑立面产生丰富和深刻的光影

建筑沿街面必须设立院落，院落和围墙应与建筑统一作整体考虑，并与主体建筑及周边环境协调一致

围墙的沿街部分必须与相邻现有其他建筑围墙保持同一水平线

1	3
2	4
	5

1. 建筑长度
2. 单体示例
3. 方先知旧居
4. 五大道地区鸟瞰
5. 伪满州国领事馆

旧时五大道地区

天津市五大道历史文化保护区

设计单位　天津市城市规划设计研究院
占地面积　130hm²

　　五大道地区是世界上现存规模最大、保存最完整的外国租界区，是一个具有百年历史并且不断演变的真实的生活街区，总占地面积130hm²。

　　天津市五大道历史文化保护区城市规划在《五大道地区建设管理保护规划》和《天津市历史文化名城保护规划》的基础上，对五大道地区目标定位和城市设计导则两方面进行了补充和完善，以努力保护和完善五大道具有世界水准的独一无二的历史街区特征为目标。规划认识到保护区的建筑和环境整体会产生一种生动的总体效果，形成五大道最有魅力的典型特征，因此努力保持和强化这种完整和真实性，并随着时间的推移而使其不断增值。坚持整体保护的原则，对个别确有必要进行拆除和重建的建筑应采用零星渐进的方式进行有机更新。新建筑和环境的建设应有助于保护和强化五大道的整体特征。

上海

Shanghai

上海是中国最大的经济、金融、贸易和航运中心，地处长江三角洲东部，位于长江入海口南岸，东濒东海，南临杭州湾，西、北与江苏、浙江两省接壤。2008年末，全市人口1888.46万，其中户籍常住人口1371.04万。

1986年国务院批复的上海市城市总体规划，明确提出上海是我国最大的港口城市和重要的经济、科技、贸易、金融、信息、文化中心，进一步指明了上海现代化建设的方向，为上海城市建设快速有序发展提供了重要保证。浦东新区总体规划的编制，有效地指导了浦东新区的形象建设和功能开发。上海紧紧抓住浦东开发、开放的历史机遇，掀起了城市建设的新高潮。陆家嘴金融贸易区、外高桥保税区、金桥出口加工区、张江高科技园区以及一批现代化生活园区基本形成，浦东新区功能开发和形象建设取得令人瞩目的成绩，南浦大桥、杨浦大桥等一批越江工程的建成，为进一步扩大对外开放、增强上海城市的综合功能创造了有利的条件。

1992年，上海开始组织编制新一轮城市总体规划，在一系列专题研究、征询意见和专家论证的基础上，于1999年初编制完成，2001年5月，国务院正式批复同意。新一轮上海城市总体规划总结了改革开放以来上海城市规划建设的经验，为上海描绘了今后20年的发展蓝图。《上海市城市总体规划（1999～2020年）》明确提出要把上海建设成为现代化国际大都市和国际经济、金融、贸易、航运中心之一。城市总体布局将拓展沿江沿海发展空间，形成滨水城镇和产业发展带，继续推进浦东新区功能开发，重点建设新城和中心镇，完善城镇体系，把崇明岛作为21世纪上海可持续发展的重要战略空间。绿化建设规划目标是到2020年，人均公共绿地指标大于$10m^2$，人均绿地指标大于$20m^2$，绿化覆盖率大于35%。

步入新世纪以来，我国加入WTO和2010年即将召开的上海世博会，为上海新一轮发展提供了新的机遇和挑战。

黄浦江沿岸地区

占地面积 81.3km²

黄浦江是上海的母亲河。2002年1月10日，黄浦江两岸综合开发工作正式启动。根据《上海市城市总体规划（1999~2020年）》的目标，结合黄浦江两岸地区用地调整和功能开发，黄浦江两岸将建成以公共绿地、公共空间、公共功能为特征的世界级城市滨水景观带，并通过两岸地区的环境改造和功能重建，带动上海中心城社会、经济、环境的协调发展。

黄浦江两岸地区的规划控制范围，从吴淞口到徐浦大桥，河道总长41.8km，两侧岸线长度约85km，包括核心区和协调区在内，规划控制面积约81.3km²。以卢浦大桥五洲大道为界，划分为北延伸段、中心段和南延伸段。遵循"百年大计、世纪精品"的原则，坚持高起点规划、高水平开发、高质量建设，目前北外滩地区、上海船厂、十六铺等重点地区的建设正在有序推进。

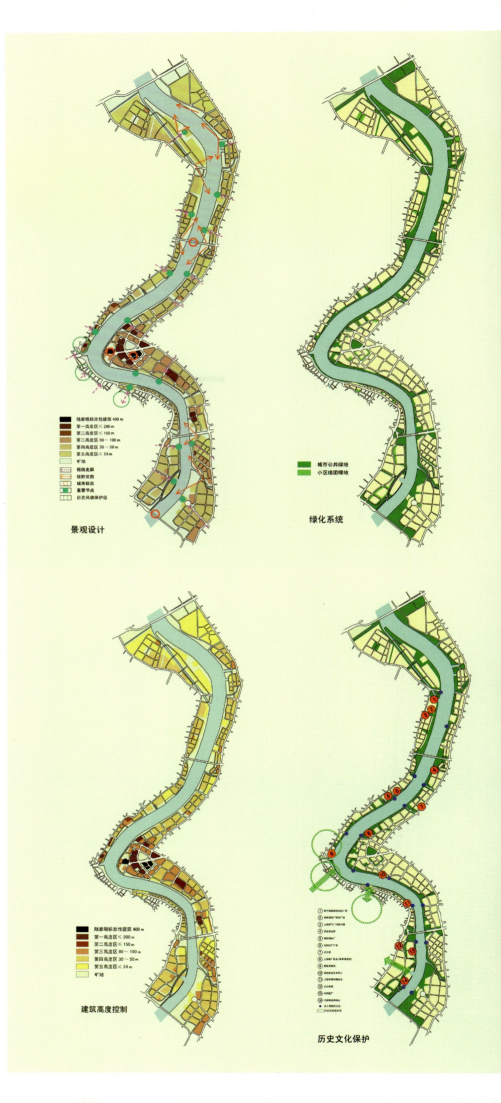

景观设计

绿化系统

建筑高度控制

历史文化保护

1. 陆家嘴金融贸易中心区1
2. 陆家嘴金融贸易中心区2

陆家嘴金融贸易中心区

占地面积   1.7km^2

  陆家嘴金融贸易中心区，位于浦东新区中心部位，西北为黄浦江所环绕，东为泰同路接浦东南路，南至东昌路，占地约1.7km^2。浦东开发开放以后，在原陆家嘴中心地区规划方案的基础上，吸取了国内外专家规划方案的优点，经多次修改，于1993年12月编制了陆家嘴中心区规划设计方案，规划以滨江绿地、16hm^{2}中央绿地和东西发展轴的绿色走廊为形态布局的基本构架。东方明珠广播电视塔和核心区的3座高塔建筑分居发展轴两侧，构成标志性建筑。

上海八万人体育场

占地面积	17.77hm²
建筑面积	14万m²

上海八万人体育场位于上海中心城西南地区，距离人民广场8.5km。1992年，为承办第八届全国运动会，上海市决定兴建一个八万人规模的体育场，用地17.77hm²。体育场建筑总面积14万m²，设计力求造型新颖，平面为圆形，体形简洁，完整有力，屋顶处理成高低起伏的马鞍形，屋面西面最高为64m，悬挑乳白色半透明薄膜"幕结构"屋顶，犹如一环飘浮的云彩，腾飞升高凝固在空中。整个建筑艺术造型虚实结合，实体的玻璃幕墙及周围镂空的构架结构形成强烈的对比。整个体育场建筑形象用直径334m的圆形室外平台，铺设绿色地砖形成彩色的台基，犹如宽广的草坪上烘托着一朵巨型白色花朵，盛开怒放，充分显示出超大型体育场建筑独特的艺术形象，成为上海精神文明建设的重要标志建筑之一。

1. 新天地地区规划
2. 新天地地区实景

新天地地区规划建设

占地面积　　3万m²
建筑面积　　5万m²

　　上海新天地商务区毗邻中国共产党"一大"会址，是一个具上海历史文化风貌的娱乐购物热点。项目占地3万m²，建筑面积约5万m²。

　　该区以中西合璧、新旧结合的海派文化为基调，融上海特有的传统石库门旧里弄与充满现代感的新建筑群为一体。

　　它以上海近代建筑的标志——石库门建筑旧区为基础，首次改变了石库门原有的居住功能，创新地赋予其商业经营功能，把这片反映了上海历史和文化的老房子改造成集国际水平的餐饮、购物、演艺等功能于一体的时尚、休闲文化娱乐中心。现在，当人们走进新天地石库门弄堂，依旧是青砖步行道，红青相间的清水砖墙，厚重的乌漆大门，仿佛时光倒流，有如置身于20世纪二三十年代的上海。但一跨进石库门里面，却是又一番天地，按照21世纪现代都市人的生活方式、生活节奏、情感世界度身订做，无一不体现出现代休闲生活的气氛，能亲身体会新天地独特的理念：昨天、明天，相会在今天。

1. 虹桥开发区规划用地
2. 虹桥开发区效果图1
3. 虹桥开发区效果图2
4. 虹桥开发区效果图3
5. 虹桥开发区枢纽建筑综合体

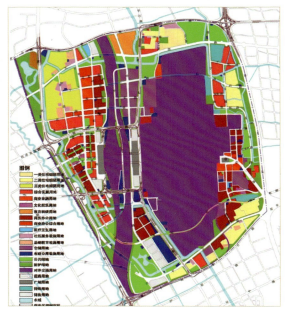

虹桥综合交通枢纽规划

　　虹桥综合交通枢纽位于上海市环西一大道以西,距人民广场约13.5km。规划将高速铁路客站设置于虹桥国际机场西侧,站场平行机场现状跑道布局,同时引入磁悬浮、长途巴士、城市轨道交通、常规公交、出租车、社会车辆等交通方式,形成航空港、高速铁路、城际磁悬浮和城市轨道交通、长途客运、公共汽车、出租车等多种交通设施紧密衔接的现代化大型综合交通枢纽。

　　虹桥综合交通枢纽的规划建设,既是国家战略的需要,也适应了上海铁路枢纽布局调整的要求,为促进长江三角洲地区经济协调发展、上海城市功能的进一步提升、增强对外服务能力提供了条件。

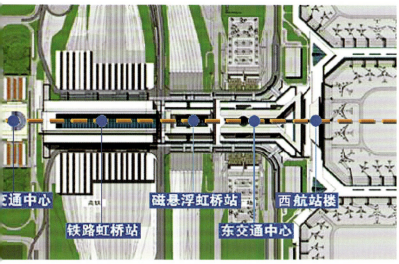

虹桥开发区规划

20世纪80年代初，贯彻"对外开放，对内搞活经济"的方针，为安排外商投资建设旅游宾馆、贸易中心基地及驻沪领事馆基地，上海市人民政府决定在距市中心6.5km的延安西路虹桥地区建设涉外小区。1984年4月，编制《虹桥新区规划》，在区内建设领事馆、办公楼、公寓、旅馆等建筑设施，使之成为现代化新区，以带动中心城的改建，把虹桥新区规划建设成以对外贸易、旅游为特征的公共活动中心。1986年8月，国务院批准虹桥新区为经济技术开发区，执行沿海开放城市经济开发区的各项政策。同年，《虹桥新区规划》获建设部优秀设计三等奖及上海市优秀设计奖。

虹桥开发区

2010年世博会规划

规划面积　5.28km²

　　举办2010年世博会是国家战略,也是上海的发展机遇。2010年世博会场地,选址于黄浦江两岸滨水区,介于南浦大桥、卢浦大桥之间,地跨浦江两岸。园区规划范围为5.28km²,为加强地区空间、环境的整合与协调,周边规划设置1.4km²左右的建设协调区。以临时性展馆为主,提供160处以上外国国家馆、20处国际组织馆,以及30处企业馆,总计可满足200个以上参展单位。总体划分为A、B、C、D、E五个功能片区,布局结构突出园区的中国特色、上海特点和浦江特征,形成"一主多辅"的空间特征。

　　世博会规划针对举办一届"成功、精彩、难忘"的国际盛会这一特定要求,以体现"城市,让生活更美好"主题为目标,通过规划设计,把2010年世博会作为生态世博、科技世博、人文世博和展示和谐社会、体现和谐城市理念的重要载体,将世博会建设与上海城市发展战略结合起来,同时运用科技创新手段,体现以人为本、资源节约的发展理念,构筑人与自然和谐相处的城市环境。

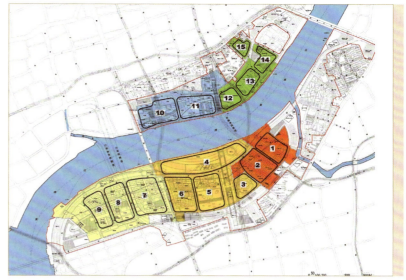

1. 世博园区规划总平面图
2. 世博园今昔对比
3. 世博园地区规划结构图1
4. 世博园地区规划结构图2
5. 世博园地区展馆布局图

真如城市副中心地区规划

用地面积 2.4km²
建筑面积 460万m²

  2001年,国务院批准了《上海市城市总体规划》,明确了上海市中心城"多心、开敞"的布局结构。"多心",就是指由市级中心、副中心以及地区级、社区级中心等组成公共活动中心体系,共同承担服务全国、面向国际的综合服务功能。真如是上海四个城市副中心之一。

  真如城市副中心,位于普陀区真如地区,范围为东至规划中的静宁路,西至桃浦河,南至武宁路,北至上海西站北侧富平路和规划边界,总用地面积约2.4km²。将建设成为服务长三角的开放性生产力服务中心、服务上海西北地区的公共活动中心,重点发展物流贸易、商务会展、文化旅游等功能。

  真如城市副中心规划以公共设施用地为主。规划地上总建筑面积约为460万m²,其中规划新建公共建筑总量约300万m²。目前正在建设过程中。

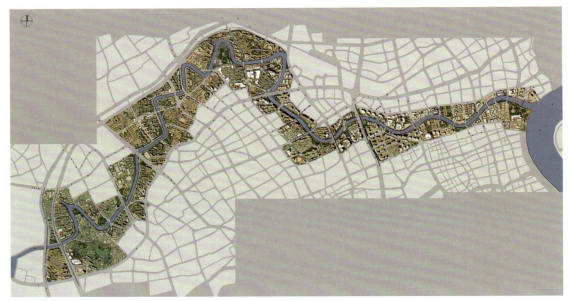
苏州河滨河地区控制性详细规划（苏州河河口—内环线）规划总平面示意图

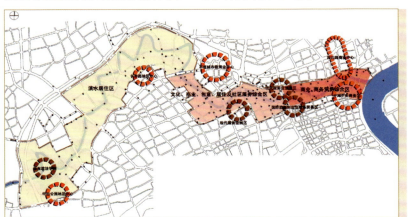
苏州河滨河地区控制性详细规划（黄浦江河口—内环线）功能布局图

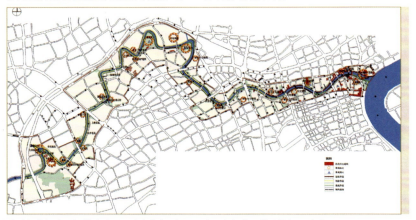
苏州河滨河地区控制性详细规划（黄浦江河口—内环线）空间景观构架规划图

苏州河滨河地区控制性详细规划（内环线—外环线）空间景观构架规划图

苏州河滨河地区规划

占地面积　20.2km²

为进一步加强苏州河滨河地区的空间景观建设，使苏州河及沿岸地区成为一条水质清洁、环境优美、生活和谐、设施齐全的城市休闲景观廊道，2003年以来，上海市政府先后批准了《苏州河滨河景观规划》、《苏州河两岸（内外环间）结构规划》和《苏州河滨河地区控制性详细规划》，实现了苏州河滨河地区规划全覆盖。

规划苏州河滨河地区将建设成为商务、文化休闲、创意产业、居住及社区服务等多种功能融合发展的复合型地区。苏州河滨河地区规划范围，东起苏州河河口，西至外环线，河流长度约20km，岸线长度约41.1km（两岸），覆盖两岸1～2个街坊，涉及黄浦、虹口、闸北、静安、普陀、长宁、嘉定7个区，总用地面积约20.2km²。

1. 豫园1
2. 豫园2

豫园地区保护规划

占地面积　49hm²

豫园建于明嘉靖三十八年(1559年)，位于城隍庙西北部（即今安仁街、方浜中路、旧校场路、福佑路范围内），占地70余亩。为加强豫园地区保护，1993年11月，上海市编制《豫园旅游商城规划(规划布局)》，以河南南路、方浜中路南的规划路、人民路为界，占地约49hm²，有选择地重点控制建筑高度，全方位继承发展传统文化，传统文化保护与经济发展同步。豫园旅游商城内圈为传统风貌保护核心区，周围14块地块划为六类风貌区，紧靠内圈的地块为民族形式建筑区，其他各地块分别为与古建筑对话区、传统空间形式区、民族活动及文化展示区，其中清真寺、沉香阁、敬一堂为古建筑保留区。规划了10个功能区，总建筑面积约87万m²，在内圈周围安排与传统文化关系密切的宗教、娱乐、商业功能区，往外安排与南外滩、旧城厢相容的金融、办公、展览、宾馆、会议中心等功能区。

重庆

Chongqing

重庆市是中国著名的历史文化名城、巴渝文化的发祥地，位于中国西南部、长江上游与嘉陵江交汇处，四面环山，江水回绕，东西长470km，南北宽450 km，总面积8.2万km²。城市傍水依山，层叠而上，既以江城著称，又是一座举世闻名的山城。

重庆最早的城市总体规划，是由陪都建设计划委员会在1946年4月完成的第一个城市规划——《陪都十年建设计划草案》。草案提出了疏散市区人口，降低人口密度，发展卫星城镇的设想。1960年，重庆编制完成了解放后的第一个城市总体规划——《重庆城市初步规划》，城市用地继续"大分散、小集中、梅花点状"的布局原则，强调将工业在更大范围内分散。

1983年，国务院批准重庆市第一次城市总体规划。这次总规编制工作，是在"文化大革命"的历史背景下开始筹备，在拨乱反正的初期开始的。"严格控制城市规模"是这一时期我国城市建设的基本方针，对当时城市规模的确定，起着决定性的作用。

1998年获国务院批准的城市总体规划继续沿用"多中心组团式"的布局结构，提出组团与组团之间以河流、绿化和山体相分隔，既相对独立，又彼此联系。规划提出要进一步强化城市多级中心的结构体系，强调每个组团应完善组团中心和社区中心。规划突破了中梁山和铜锣山两山屏障，在主城外围地区规划了鱼嘴等11个组团，作为与主城密切联系的独立新城，是主城用地结构的延伸和发展。2004年2月27日，国家建设部批准重庆市对98版城市总体规划进行修编。

2007年6月，重庆成为"国家统筹城乡综合配套改革试验区"，成为了继上海浦东新区、天津滨海新区之后中国第三个"新特区"。2007年8月，商务部又批准重庆市成为中国目前惟一的城乡商贸统筹发展试点区。2007年9月，国务院下发《国务院关于重庆市城乡总体规划的批复》，正式批准实施《重庆市城乡总体规划（2007~2020年）》，明确了重庆市是我国重要的中心城市之一、国家历史文化名城、长江上游地区经济中心、国家重要的现代制造业基地、西南地区综合交通枢纽。

南山植物园

　　重庆市南山植物园是以收集、栽培、保存我国亚热带低山植物种质资源,集科普、科研和园林艺术于一体的以观赏植物专类园为特色的低山类观赏植物园。

　　该园始建于1959年,在原南山公园的基础上改扩建而成,总规划面积551hm^2,分为观赏植物风景园林区、专类观赏植物园区、科研苗圃区和植物生态保护区。规划建设18个专类园和1个展览温室,目前已建成开放的有中心景观园、蔷薇园、兰园、梅园、山茶园、盆景园、一棵树观景园、大金鹰园。

　　园区森林植被丰富,绿化率96.5%,森林覆盖率95.5%。展示植物146科347属3500余种(品种),古树名木13科13属,100年以上山茶花达7株。园内风物幽清,花木繁茵,峰回路转,被人们誉为"山城花冠"。春季花开锦绣,夏日茂林修竹,金秋桂花飘香,寒冬腊梅满园。

　　经过50年的不断建设,特别是近10年来的建设,南山植物园的面貌焕然一新,成为了直辖市重庆的名片之一,政治效益、社会效益不断凸显,经济效益大幅度提升。

　　重庆市南山植物园于2001年被纳入"重庆都市魅力一日游"旅游景点,一棵树观景园更是因"山城夜景"、"梦幻夜景"而享誉中外,党和国家领导人来园视察参观,给予高度赞誉和亲切关怀,手植纪念树,寄予深情厚意和殷切期望。2002年南山植物园被评为重庆市"十佳旅游景区",2003年被评为国家AAAA级旅游景区,2008年被国家住房和城乡建设部命名为国家重点公园。

1		5
2	4	6
3		

1. 植物园内繁花似锦
2. 植物园地如茵绿坡
3. 植物园内游人如织
4. 夜色正浓
5. 公园入口
6. 园内假山小亭

石家庄
Shijiazhuang

石家庄市地处河北省中南部、太行山麓、滹沱河畔，下辖6区17县（市），面积1.58万km²，总人口960万，其中市区人口210万。

石家庄在历史文化土壤中不断传承、发展。20世纪初始，石家庄还是一个坐落在获鹿县城东南35km、仅有600余人、占地0.1km²的默默无闻的小村庄，京汉、正太铁路的兴建和交会，迅速让她发展成为现在这个人口规模200多万、建成区面积180多km²的特大型中心城市。石家庄化蛹成蝶，由蕞尔小村发展为繁华都市，并成为京津冀都市圈中的重要城市和河北省省会城市，这既是偶然的机遇，也是历史的抉择。

2010

1981

1954

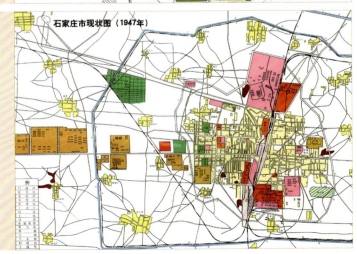

1947

　　100多年间，从建市到现在各个时期编制的5版规划，系统地记录了石家庄城市发展壮大的历程。

　　"石门都市计划大纲"：1939年日伪政府建设总署北京工程局施工所制定。这是石家庄城市发展史上第一版正式规划。

　　"1955~1975版城市总体规划"：1953年石家庄纳入"一五"期间国家重点建设的城市行列之后，开始组织编制。这是新中国成立后，石家庄的第一版正式规划，也拉开了石家庄新的建设热潮。规划确定城市人口为50万人，用地面积54km²。

　　"1981~2000版城市总体规划"：为适应改革开放条件下城市建设的需要，着手编制第二版城市总体规划，1983年经国务院批准实施。规划确定了石家庄的城市性质为河北省省会、铁路交通枢纽和以轻纺工业为主的城市，同时确定了城市人口为80万人，建设用地90km²。

　　"1997~2010版城市总体规划"：完成于1993年，1996年修编，2000年经国务院批准实施。确定石家庄为河北省省会、华北地区重要商埠、全国医药工业基地之一，同时确定了2010年城市主城区人口190万人，建设用地142km²。

　　目前，石家庄提出了建设500万人口规模的"繁华舒适、现代一流"的省会城市目标，明确了"京津冀第三极、宜居宜业生态型现代化城市"的职能定位。

人民广场

设计单位	河北建筑设计研究院有限责任公司
施工单位	石家庄市第一建筑公司
用地面积	15.3hm²
项目造价	9100万元
竣工日期	2002年

石家庄市人民广场位于石家庄市中心区，原址为石家庄市第一工人文化宫，其南侧隔中山路为市政府，北侧为石家庄市最早的公园——长安公园。广场内设三个下沉广场与地下商业空间连通，实现了技术与艺术的完美统一。

在人民广场设计中，根据地段特征，确立了"场中有园，园中有场"的质朴的设计思想，将模拟自然园林景观的设计手法引入广场景观设计之中，充分保留场地原有树木和地貌特征，增强空间节点的场所感。借助一般意义上的"美化"设计，人民广场满足了人们日常性的审美需求，而采取平面几何形态，由钢、木、玻璃等现代建筑材料构成的景点处理，则在融入专业化的技术表达手法的同时，体现了现代特色。

1. 休闲空间
2. 人民广场鸟瞰
3. 下沉广场
4. 花坛及灯具

1	2
3	

1. 水上公园烟雨楼景区
2. 水上公园九曲桥水面
3. 水上公园俯瞰

水上公园

设计单位	中外园林建设总公司北京设计分公司
用地面积	38hm²
项目造价	1.37亿元
竣工日期	1998年

　　水上公园位于友谊大街与联盟路交口东南区域，1998年国庆节建成开放，占地38hm²，是民心河沿线串起的22个公园之一，也是民心河的重要组成部分，水域面积占全园的三分之一。

　　水上公园由河北省水利工程局八处、河北中和实业公司、河北省第六建筑工程公司等单位建设，中外园林建设总公司北京设计分公司负责设计，总投资1.37亿元。公园设计风格独特，寓知识于休闲之中，寓文化于娱乐之中，其中有按比例修建的赵州桥及震海犼，具有承德避暑山庄特色的烟雨楼，具有现代艺术风格的飞鸿九曲桥、奇趣廊以及河北民居、名人景墙等。另外，在公园西北部建有法国列柱石雕廊和太阳神阿波罗大喷泉、情侣喷泉和美人鱼雕塑等。目前，这里已经成为石家庄人们休闲娱乐的重要场所。

艺术中心

设计单位 河北建筑设计研究院有限责任公司
施工单位 河北省建工集团
项目规模 32059m²
项目造价 2.6亿元
竣工日期 1999年

河北艺术中心位于石家庄市中心区，是一座集2800座多功能演出厅与980座音乐厅于一体的观演建筑。作为中国吴桥杂技艺术节的举办场所，其多功能演出厅以供杂技演出需要为主体功能，兼顾大型歌舞、戏剧等演出使用。设有多种移动式舞台及升降乐池。音乐厅设有控制混响时间的可调装置。造型气势恢宏，优美的曲面充满张力，大大丰富了城市的天际线。

1
2

1. 艺术中心外景
2. 音乐厅内景

1. 民心河1
2. 民心河2
3. 民心河3

民心河

设计单位	石家庄市市政规划设计院　石家庄市园林规划设计研究所 河北省水利勘察设计院　　天津市园林设计院 北京市中联华设计院
施工单位	石家庄市第一建筑公司
项目造价	10.6亿元
竣工日期	1999年

　　民心河始建于1997年9月，1999年9月正式通水，由石家庄市引水入市工程指挥部筹建，总投资10.6亿元。

　　民心河分东南西北中5条河道，全长56.9km，水面均宽20m，形成水面249hm^2。在高标准建设河道两岸绿化的基础上，沿线串起世纪公园、西清公园、元南公园等22座公园游园，总绿化面积140hm^2。民心河引岗南、黄壁庄水库的水源流经石津灌区入市，年引水量3058万m^3，并长年利用中水补水。除此之外，还承担着市区排洪泄洪的重任，新建改造排水管网38km。

　　民心河的建成，给石家庄这座缺水城市带来了灵气，增添了绿意，极大地改善了石家庄的环境质量和城市形象。2001年，该工程被建设部授予"中国人居环境范例奖"。

哈尔滨

Ha'erbin

哈尔滨是中国东北北部最大的城市，中国纬度最高的特大城市。到2007年底，哈尔滨市行政区面积为7086km²，建成区面积336km²，市区人口475.5万人；哈尔滨已逐步发展成为我国东北北部政治、经济、贸易、文化、科技、信息、旅游业的中心城市。

哈尔滨市城市发展简要数据

项　　目	1995年	2000年	2003年	2006年
GDP/人（元）	9800	18108	14872	21374
人口规模（万人）	272	290	347	365.2
人均住房面积（m²）	—	19.8	24.6	26.13
人均公共绿地面积（m²）	3.2	4.5	5.4	6.84
城市建设用地规模（km²）	191.06	211.04	292.97	343.3

哈尔滨现代城市的建设始于1898年。沙俄在中国境内修筑和经营横贯中国东北的中东铁路，揭开了哈尔滨现代城市建设的序幕。随着外来资本的涌入，到20世纪30年代，有19个国家相继在哈尔滨设立领事馆，有来自20多个国家的外国侨民近10万人（1930年城市人口达28.6万人，外侨占全市人口达21%），哈尔滨已成为具有多元文化色彩的国际性商贸城市，被誉为"东方小巴黎"、"东方莫斯科"。新中国成立以后，哈尔滨是我国"一五"、"二五"时期重点建设的城市，前苏联援建的"156"项重点工程有13项建在哈尔滨，"三大动力"、"十大军工"企业纷纷落户，哈尔滨从一个消费型城市发展成为我国重要的机电工业基地。

早期俄国人在哈尔滨做的"新城规划"在世界上代表了当时最先进的规划理念，形成的方格网与放射状的路网格局、有轨交通、绿化系统以及独有的建筑特色使哈尔滨成为具有多元文化特色的国际性城市。1932年，日本人为了达到长期霸占中国的目的，编制了"大哈尔滨都邑计划"，确定人口达到百万人，建设用地达到276km²。

新中国成立后，为了适应"一五"期间大规模经济建设的需要，哈尔滨于1953年编制了第一轮《哈尔滨市城市总体规划》。改革开放以后，为适应新形势的要求，1982年编制了新一轮《哈尔滨市总体规划》，规划确定城市性质为黑龙江省省会，东北地区交通枢纽，以机电工业为主，轻纺、食品工业和旅游业比较发达的工业城市。

随着市场经济体制改革的深入，哈尔滨于1992年开始组织编制新中国成立后的第三轮城市总体规划，1999年12月得到国务院批准。城市性质确定为"黑龙江省省会，国家级历史文化名城，我国东北北部经济、政治、贸易、科技、信息、文化、旅游事业的现代化中心城市"；到2010年，人口规模控制在326万，市区用地控制规模252km²。城区形态为"分散组团式"，建设用地发展方向是向南、向西南。2001年，哈尔滨启动组织了新一轮哈尔滨城市总体规划（2002～2020年）的修编工作。

哈尔滨城市规划工作在促进经济发展、完善城市功能、合理利用土地、保护生态环境和协调各项建设等方面发挥了巨大的作用。

圣索菲亚教堂

　　圣索菲亚教堂坐落在道里区兆麟街（原水道街）与透笼街东北角，平面为拉丁十字形，主体为清水红砖结构，形体复杂，砌工精细，是具有拜占庭建筑风格的东正教教堂。

　　圣索菲亚教堂的前身是建于1905年的俄军第四东西伯利亚步兵旅的随军教堂，1907年迁到这里。最早为木结构教堂，1912年11月重建为砖石结构教堂。1924年10月14日，圣索菲亚教堂第三次重建，1932年11月25日落成，设计师是米·马·活斯科尔克夫。由于外侨陆续回国，索菲亚教堂于20世纪50年代被废弃。"文化大革命"中教堂屋顶十字架与钟楼大钟被拆除。1997年1月被批准为Ⅰ类保护建筑，同年开始整治周边环境。2000年9月，教堂及东西部广场竣工开放，2005年，北部广场全部竣工开放。

　　今日的圣索菲亚教堂以它古朴凝重、华丽壮美的身姿屹立在哈尔滨市最繁华的商业中心区，已成为哈尔滨市重要的标志性建筑之一。

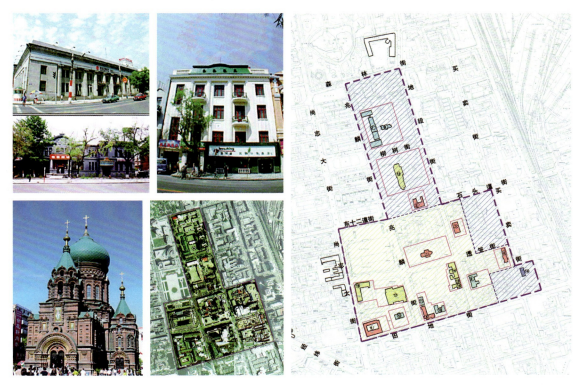

太阳岛

　　松花江千里奔流,纵穿美丽的哈尔滨,带来无尽的秀美和丰饶。北岸碧波摇翠,花木繁荫,野趣浓郁,乘着歌声的翅膀,太阳岛的美名四海名扬。

　　20世纪初叶,随着哈尔滨的开发崛起,莺飞草长的太阳岛成为异国侨民的向往之地,国内一些文化名人在这里创作休闲,沧桑风云遮不住天然的秀美。欧陆风情、冰雪艺术、寒地民族文化和红色文化融为一体,哈尔滨冰雪艺术馆、哈尔滨冰雪文化展览馆、于志学美术馆、太阳岛艺术馆、太阳岛北方民艺精品馆、俄罗斯艺术展览馆珍藏丰厚的文化精品;抗联纪念园、雪雕艺术园、于庆成雕塑园、雪雕艺术园、俄罗斯

新中国城市规划建设60年
城市奇迹
MIRACLES OF CITY
CHINA'S URBAN PLANNING AND CONSTRUCTION IN 60 YEARS

画家村相继建成,开园迎宾。

太阳岛历史悠久,20世纪初随着中东铁路的建设,俄罗斯人在太阳岛围堤内建造别墅,是我国最早的城市休闲度假别墅区之一。20世纪50年代以后相继建成一批疗养院、花园、野浴等设施,逐步形成以沿江度假别墅区和北部自然景区的格局,是目前我国城市建成区内最大的沿江生态区和江漫滩湿地草原型风景名胜区。

1964年市政府将太阳岛规划为风景区,1989年太阳岛晋升为省级风景名胜区,总控制面积为88km²,规划范围38km²,划分为三个区:一是文化休闲区(东区),二是娱乐休闲区(中区),三是运动休闲区(西区),其中东区规划面积为15km²,年接待游人300万人次,已成为哈尔滨市城市休闲度假游的首选地。

2007年3月太阳岛风景区被国家旅游局评为首批国家5A旅游风景区,也是黑龙江省惟一一家获此殊荣的景区。

2003~2005年,太阳岛进行了为期三年的综合整治改造。

中央大街

　　中央大街是伴随哈尔滨城市发展的一条百年老街，以深厚的历史积淀和独特的建筑风格而著称于世。

　　中央大街始建于1900年，初称"中国大街"，是哈尔滨市区最早形成的重要街道之一。街道形成之初，很快就被以外国侨民为主的商业投资者看好，陆续形成了一批商用建筑，包括百货公司、宾馆、饭店、贸易行、银行、酒吧、舞厅等。百年来，带着梦想、希冀和好奇的人们纷纷来到哈尔滨这个充满冒险、机会和希望的城市，新旧思想、东西文化在这里激荡冲击，形成了哈尔滨独具特色的城市品格和风貌。

　　百年老街中央大街汇集了文艺复兴、巴洛克、折衷主义、拜占庭、新艺术运动等多种建筑艺术风格，富丽的建筑艺术精品与北端的松花江的滨水自然风光交相辉映，使其成为具有浓郁欧陆风情的名街，也是国家历史文化名城哈尔滨的精华所在。中央大街是哈尔滨多元文化的集中展示地，有建筑长廊美誉的建筑文化，有以啤酒、面包、红肠等地方特色餐饮和西餐为代表的饮食文化，有以哈尔滨之夏音乐文化。自1997年以来哈尔滨市政府在继承中央大街历史文脉的基础上，采取保护和利用相结合的方式，对中央大街实施了三期环境综合整治和提档升级改造，有效地保护了中央大街历史街区传统风貌，对哈尔滨历史文化名城的保护具有重要意义，为改善城市人居环境发挥了积极作用。如今，这条历史名街已成为以商业、旅游、休闲、娱乐为主要功能，全国一流的独具文化魅力的步行街。为此，国家建设部授予"哈尔滨中央大街历史街区复兴"项目2005年"中国人居环境范例奖"。

防洪胜利纪念塔

　　防洪胜利纪念塔是哈尔滨市重要的标志性建筑，位于中央大街北端广场，是为了纪念哈尔滨市人民战胜1957年特大洪水和永久性江堤的建设，于1958年7月3日开始修建，同年11月13日落成。

　　哈尔滨市人民防洪胜利纪念塔包括基座塔身、水池喷泉、柱廊和广场等四部分。塔高22m，以塔后身为中心设有20根科林斯式圆柱，顶端用一条宽带将半圆形柱廊及两端的浮雕连接在一起，组成一个35m长的半圆形罗马式回廊。塔基的上下两层水池，分别标志着1957年和1932年的两次特大洪水的水位。而在水池之上的塔基上，一根金黄的金属线，标示着"1998年特大洪水"在8月22日出现的历史最高水位。

　　防洪胜利纪念塔广场半圆形平面布局，巧妙处理了中央大街与沿江的非垂直角度关系，将对景、轴线关系等诸多纪念性要素很好地融于一体，广场也成为哈尔滨市文化、政治活动的中心地点，成为游人向往的旅游圣地。

长春

Changchun

长春素有"北国春城"之称，她就像一颗璀璨明珠，镶嵌在富饶的松辽平原上。

长春市位于我国东北地区中部，下辖4个县（市）、6个区，全市幅员面积20571km²，总人口868.72万人。其中市区建成区面积295km²，人口487.6万人。2008年，全市地区生产总值实现2588亿元，财政收入完成370亿元。

长春是一座"汽车城"。新中国的第一辆卡车、第一辆轿车就诞生在这里。长春客车厂是国内最大的铁路客车、地铁客车科研生产和出口基地。

长春是一座"电影城"。长春电影制片厂是新中国电影事业的摇篮；有"东方好莱坞"之称的长影世纪城，向人们展示了世界先进的影视文化和影视特技效果。

长春是一座"科教文化城"。现有全日制大学28所，拥有科研院所103个，是国家级光电子信息产业基地和国家级生物产业基地。长春历史文化底蕴丰厚，伪满皇宫是国家首批5A级旅游景区和重要的爱国主义教育基地；辽代古塔、文庙、道台府等历史遗迹，也为长春增添了独特的人文色彩。

长春是一座"森林城"。41%以上的城市绿化覆盖率，使长春"林在城中、城在林中"；亚洲最大人工林——净月潭国家森林公园，是国家级风景名胜区和首批4A级景区。此外，还有南湖公园、动植物公园、胜利公园、儿童公园、牡丹园等大中型公园。

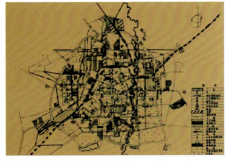

1995年版长春市城市总体规划图

长春是一座"雕塑城"。自1997年以来，长春市成功举办了9届"中国长春国际雕塑作品邀请展"、两届"中国长春国际雕塑大会"，成为国内外雕塑交流的平台；市内建有目前国内最大的雕塑公园，占地面积为92hm²，是全国首批国家公园之一。

长春市政府高度重视城市规划工作，先后组织编制了1955年版、1980年版、1996年版、2005年版的《长春市城市总体规划》及各类相关规划。在城市总体规划指导下，城市空间布局由单一"摊大饼"的形式向组团式发展，城市中心由单中心向多中心发展；公共交通体系方面，正逐步形成由地铁、轻轨、快速路、城市干道等组成的立体化交通网络系统；绿地建设方面，由原来点状、块状的风格向网络化发展，打造"流绿都市"，提高城市品位；工业布局上，在解放初期三大工业区的基础上，建设了经开、高新、净月、汽车等各级产业开发区；居住区建设上，由原来仅以居住、生活服务为主的模式向生态化、宜居化方向发展；城市风貌建设上，通过实施城市景观风貌规划、紫线规划，严格控制建筑的高度、密度、风格等，形成了长春特色的"疏朗、大气、通透、开敞"的城市空间特色。今天的长春，正在唱响跨越式发展的主旋律，向着绿色宜居城市的宏伟目标阔步前进。

2005年版长春市城市总体规划图

1	3
2	4
	5

1. 人民大街与胜利公园
2. 人民大街南部中央商务区鸟瞰效果
3. 北人民大街规划结构图
4. 碧波律动的人民大街
5. 人民大街的中心广场——人民广场

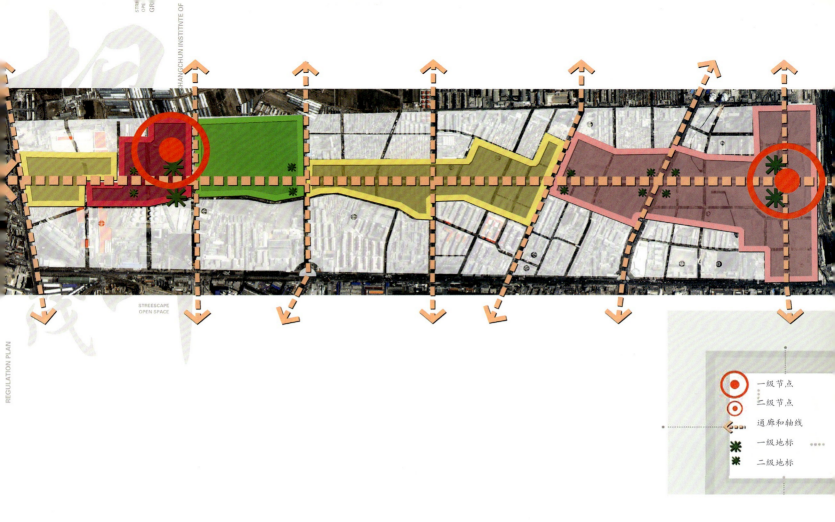

人民大街

项目规模 13.93km

人民大街位于长春市城市中部，是贯穿城市南北的主干道和中轴线、城市交通大动脉，是政治、经济、文化、景观轴线，是城市主要的功能纽带。

人民大街始建于1907年。1948年长春解放时，大街从长春火车站修至工农广场附近。长春解放以后，在城市规划中，将人民大街规划为城市中轴线，对大街的整体功能、空间布局、景观与道路断面等作了全面规划。在规划指导下，人民大街逐步向南延伸至京哈高速公路，成为城市对外的主要出入口；2006年起，又从长春站向北修建北人民大街。到目前，人民大街总长度达到13.93km。

人民大街的设计风格独特。道路宽度由最初的36m，逐步加宽至62m；道路横断面采用了一块板、三块板、四块板、五块板等多种断面形式；道路走向正南正北，与正北仅有0.096°的偏差。人民大街以路面宽、延伸长、路形直、方向正、功能全、景观美等特征成为国内外闻名的城市标志性大街。

1. 广场新颜
2. 文化广场一角
3. 节日的广场

文化广场

占地面积　20.5hm²

　　文化广场位于长春中心区，解放大路与新民大街交会处，占地面积20.5hm²。广场始建于1933年，曾是伪满州国的国都广场，新中国成立后，更名为地质宫广场。1996年长春市政府对广场进行改建，后更名为文化广场。

　　广场整体建造风格采用中国古典园林中轴对称的手法，以新民大街路中心至吉林大学新民校区（原长春地质学院）主楼中央为南北主轴。中轴线全长420m，由南至北，北端衔接可容纳万人活动的中心广场。中心广场建有以"时空"为主题的群雕，主体雕塑为37m高的"太阳鸟"。广场绿化设计以舒展的草坪为主体，中心广场四周是四块巨大的草坪，总面积为4万m²。四块草坪采用U形布局环抱中心广场。

　　文化广场是省、市重大活动的举办地，是群众自发性的娱乐活动的场地，是具有广场特色文化的城市中心广场。

南湖公园

占地面积　238hm²

　　南湖公园位于长春市城市中南部、人民大街西侧，是最大的城市公园。公园占地面积238hm²，其中水面96hm²，绿地134hm²。南湖公园始建于1935年日伪时期，解放后辟为南湖公园。20世纪50年代开始，从长白山移植大批红皮云杉等针叶树，使南湖公园成为以植物景观为主的自然式生态公园。

　　公园现有绿化树木品种107种238734株，绿化面积6000m²，草坪22万m²。湖东区设有各类游艺项目，服务设施配套；湖西森林区为城市一处绿色休闲观赏景点；宽阔的湖面供人们划船娱乐和游泳健身。南湖公园已经成为集休闲娱乐、水上体育和植物观赏等于一身的大型综合性公园。

1. 南湖四亭桥
2. 大坝新颜
3. 彩桥如虹

世界雕塑公园

项目区位	人民大街东侧
占地面积	92hm²

长春世界雕塑公园位于长春市南部、人民大街东侧，是占地面积达92hm²的大型主题公园。公园规划采用中国传统造园技艺、西方造园学说和现代规划理念相结合的构思，以雕塑为主题，以湖面为中心，以山水为骨架，以绿化为背景，以道路为纽带，形成了自然环境与人文景观和谐统一、天人合一的深邃意境。

长春世界雕塑公园是汇聚世界雕塑作品的橱窗。园内拥有212个国家、397位艺术家的441件作品，充分体现了不同国家、民族、地域和不同历史时期的文化特点，材质丰富，风格迥异，堪称世界雕塑的百花园。

园内设有建筑面积为1.26万m²的雕塑艺术馆，馆内藏有大量中外著名雕塑家的雕塑精品。其中，旅居坦桑尼亚的华侨李松山先生和夫人韩蓉女士捐赠的547件世界上最神奇的非洲马孔德木雕作品，是具有异域风格的艺术精品。此外，还有潘鹤、程允贤、王克庆、曹春生等数十位中外著名雕塑家捐赠的约650件雕塑作品，以及历届雕塑展征集到的作品方案5700余幅。

长春的雕塑文化正在以一种独特的魅力，吸引着世人关注的目光，传递着这座城市热情、开放、友好的信息。

1. 长春世界雕塑公园总平面图
2. 主题雕塑——友谊 和平 春天
3. 雕塑作品《春风》
4. 雕塑作品《交响乐》
5. 雕塑作品《飞翔》
6. 都市名片——雕塑公园

沈阳

Shenyang

沈阳是辽宁省省会、东北第一大城市、东北最大的交通枢纽，也是东北地区最具实力的国际大都市。

改革开放以来，沈阳经济社会得到长足发展，人民生活水平迅速提升。随着世界园艺博览会及奥运会足球分赛的成功举办，其经济和社会步入了快速发展的崭新时期。初步核算，2008年实现地区生产总值3860.5亿元，同比增长16.5%，人均GDP约7500美元，已达中等发达国家人均水平。沈阳的城市建设也得到了很大提高。1978年，沈阳人均住房面积6.5m^2，2008年人均住房面积28m^2，增加4倍多。2000年，人均公共绿地3.7m^2，2008年人均公共绿地11.6m^2，增加3倍多。1996年城市建设用地261.2km^2，2007年城市建设用地433km^2，增加172km^2。

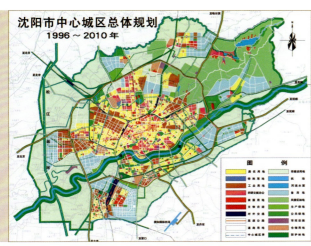

1996

1979

1956

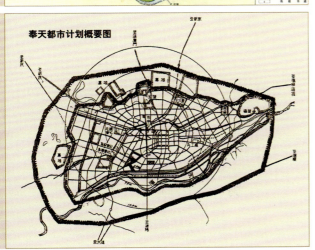

1938

沈阳城市规划建设经过了几个时期：

1．1931～1948年

日本占领沈阳后，编制和实施了沈阳城市规划史上第一个总体规划——《奉天都邑计划》（1932年），各板块之间开始有一定的融合。

2．1948～1978年

解放后，确定了"以机械制造工业为主的重工业城市、政治文化中心和对外交通的枢纽"的城市性质，完成了综合性工业城市的建设。

3．1978～1990年

1987年对总体规划进行了修编，首次提出城市跨过浑河向南发展，城镇布局结构调整为"一个中心和两个卫星城、四十个小城镇"。

4．1990～2002年

1996年，总体规划再次修编，确定规划布局结构为松散、组团式布局形式，以核心区为核心，周围分布四个副城、两个组团。

5．2002年至今

振兴东北老工业基地的国家战略成为城市复兴的全新契机，城市发展迎来经济的快速发展。"金廊、银带"以及"四大发展空间"的战略的实施，为沈阳空间发展奠定了新的发展格局。

城市空间结构呈现了鲜明的特色：

在城市核心区，中心职能正由单核集中向沿金廊轴带集聚过渡。金廊南拓，直指浑南，成为都市核心功能集聚发展区域。金廊、银带成为构筑未来城市核心区空间发展的主骨架。

城市西部，随着铁西老工业基地改造的推进，西部工业走廊的总体发展战略格局初步形成。

城市南部成为城市核心功能区及高新技术产业发展的理想区域，机场周边近年来成为发展热点。

城市北部，沈北新区成立，整合了道义、虎石台、农业高新区、新城子等发展的产业板块，定位为国家级的高效现代农业产业化示范基地。

城市东部，依托世界园艺博览会和棋盘山风景区的建设，初步形成区域性特色风景旅游区。汪家组团和李石开发区形成沈阳、抚顺共同开发区域，沈抚一体化初现端倪。

沈阳先后获得"国家环境保护模范城市"、"国家森林城市"、"国家园林城市"、"中国最具幸福感城市"等称号，连续两年进入全国百强城市前十名，成为中国十大最具经济活力城市之一。

中街步行商业街

规划设计 沈阳市规划设计研究院

位于沈阳市沈河区方城内的中街路,全长1.5km,是沈阳市最早的商业街,是全国著名十大商业街之一,也是中国第一条商业步行街。2009年,沈阳中街又添"国际金街"殊荣。

中街历史悠久,有着370余年历史,清代始建的老字号依稀可见,其历史风貌见证着中街的经济和文化发展的百年底蕴。随着近年来中街商业功能不断的调整和优化,新式商业形态相继落户中街,古老的中街逐步显露出现代商业的繁华与气度。中街周边如今已经汇聚了兴隆大家庭、沈阳春天、新玛特商场、0101流行馆、沃尔玛商场等新型商业形态,而其规模也正在进一步向东延伸,未来长度将达到3.5km。如今的中街呈现出欣欣向荣的繁荣景象,已成为名副其实的东北第一步行商业街。

奥林匹克体育中心

规划设计	日本株式会社佐藤综合计划公司
建筑设计	上海现代设计集团
建筑面积	26万m²
占地面积	43万m²

沈阳奥林匹克体育中心位于浑南新区沈阳国际会展中心北边、中国女人街的东侧和南侧，其中体育场建筑面积10万m²，在北京奥运会上承担了足球的赛事。

沈阳奥林匹克体育中心，占地43万m²，总建筑面积26万m²，工程投资总概算19.7亿元。工程包括一座能容纳6万人的现代化体育场、容纳1万人的综合体育馆、容纳4000人的游泳馆以及容纳4000人的网球馆，由日本株式会社佐藤综合计划设计完成。2006年3月1日，沈阳奥体中心正式破土动工；2007年7月初，奥体中心主体育场全部竣工并达到测试赛要求。

1. 奥林匹克体育中心效果图
2. 奥林匹克体育中心现状

浑河两岸景观规划

规划设计	沈阳市规划设计研究院
占地面积	39.17km²

浑河位于沈阳市的南部，是沈阳的母亲河，全长415km，沈阳市域段全长172.6km，规划区段全长38.4km，流经八个区级管辖区，总用地面积39.17km²。

多年来伴随着城市开发建设力度的加大，政府对浑河进行了多次改造治理，浑河逐渐成为城市的生态廊道与市民休闲活动的重要场所，也从城市界河演变为一条独具特色的城市内河。

未来的浑河将成为沈阳独有的、雄浑大气的、功能完善的、生态自然的北方名河，将成为沈阳的生态之河、活力之河、文化之河、形象之河与经济之河，成为沈阳市的绿化生态带、滨水景观带、文化旅游带与经济活力带。

1. 城市核心段实景照片1
2. 城市核心段实景照片2

1	2
3	

1. 市府广场现状1
2. 市府广场平面图
3. 市府广场现状2

市府广场地区

规划设计	沈阳市规划设计研究院
占地面积	6.4hm²

　　市府广场位于青年大街与市府大路交会处，占地面积6.4hm²，是沈阳市市政府的所在地，同时也是城市的金融、文化中心，经过1998年的改造，市府广场成为代表沈阳市形象的标志性广场，是沈阳市重要的旅游景点和群众休闲活动场所。作为沈阳的新标志性建筑的辽宁大剧院和辽宁省博物馆工程分别位于市政府广场东南侧。

世界园艺博览园

规划设计　　沈阳市规划设计研究院
占地面积　　246hm²

2006年沈阳成功举办了世界园艺博览会。博览园位于沈阳市东部棋盘山国际风景旅游开发区内，总占地面积246hm²，会址依托现有的沈阳植物园建设，成为世界上"独一无二"的森林中的园艺博览会，开辟了北方城市进行园艺展览展会的先河，也是迄今为止占地最大的园艺景观盛会。这对于完善城市功能、塑造城市新形象、带动区域旅游经济的振兴，具有决定性的意义。

"我们与自然和谐共生"为2006中国沈阳世界园艺博览会主题词，充分体现了人类携手自然、自然呵护人类和谐相融的共同追求。今天，虽然盛会已经结束，但世界园艺博览园将永久地展示着她的魅力，也将成为永不落幕的盛会。

1	3
2	

1. 世园会入口广场
2. 郁金香展园
3. 百合塔

南京
Nanjing

南京地处中国东南、长江三角洲东端，现辖玄武、白下、秦淮、建邺、鼓楼、下关、雨花、栖霞、浦口、六合、江宁11个区和溧水、高淳2县，市域总面积6582km²。

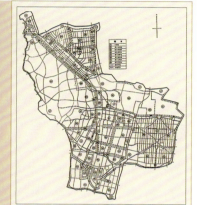

《首都计划》城内分区图

《首都计划》国都限界图

1984年版总规——市区总体规划图

1995年版总规——都市圈总体规划图

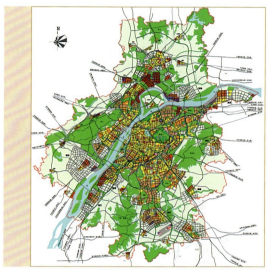

2001年版调整——都市发展区远景规划引导图

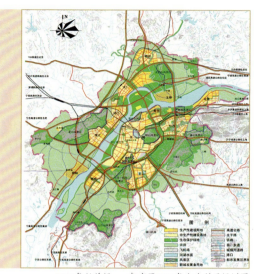

2009年版总规——都市区2020年土地利用规划图

　　南京是著名古都。公元前473年，南京始建越城，历史上先后有东吴、东晋、宋、齐、梁、陈，以及南唐、明朝、太平天国、中华民国等十个朝代或政权在此建都立国，史称"六朝古都、十朝都会"。近2500年的城市发展史和累计超过450年的建都史，使南京位居中国四大古都和国家首批历史文化名城之列。深厚的历史文化底蕴和优越的自然地理区位，使南京具有鲜明的城市特色，"龙盘虎踞"的山川形势是南京自然山水特色的最好写照，"山水城林"融为一体是南京城市空间特色的精炼总结。

　　解放后，南京城随着中国经济快速增长不断成长，借助改革开放的春风获得前所未有的发展，城市功能和布局结构继承了历史古都格局的精华，更是在现代化进程中保持了与自然山水的有机结合，又以国际先进的组团布局模式保证了城市的有序可持续生长。南京作为一个有着百年现代规划历史的城市，在解放至今的60年里，曾经编制了7轮城市规划。国务院批准的1984年版、1995年版总体规划和2001调整版总体规划，对科学确定城市发展布局、引导城市健康成长起到了十分重要的作用。2008年，南京开展了新一轮城市总体规划的修编工作，城市规划理念与方法不断创新，提出了构建"区域协调、城乡统筹、高效和谐的新都会"目标，推动南京向"多心开敞、轴向组团、拥江发展"的现代大都市区迈进。

　　经过60年来的发展，南京已成为产业体系完整、科教基础雄厚、人居环境优良、城市特色鲜明的长江三角洲重要的中心城市。至2009年，南京市区人口由解放初期的67万人增加到约670万人，地区生产总值由1978年的34.4亿元增加到2008年的3775亿元，城市建成区面积由解放初期的约50万km^2增加到720多km^2，南京由一个明城墙内发展的城市转变为一个跨江发展的特大城市。进入新的发展时期，南京将迎来新的辉煌。

1. 秦淮河沿岸建设
2. "水木秦淮"街区规划（清华大学建筑学院）
3. 外秦淮河环境优美
4. 秦淮河畔的工厂企业

外秦淮河环境综合整治

秦淮河是南京的的母亲河。外秦淮河环境整治工程是南京市大型综合性公益工程。2002年4月，根据市政府的统一部署，以使秦淮河成为"一条流动的河、美丽的河、繁华的河"为目标，启动了外秦淮河的综合整治。在多部门共同完成的《外秦淮河水环境综合整治规划》的基础上，南京市规划局于2002年5～10月开展了外秦淮河规划设计国际方案征集。规划范围南起外秦淮河运粮河口，北至三叉河口，全长15.6km，规划用地总22.3km²。BAZO国际建筑设计公司方案以"情怀秦淮"作为规划总构思，创造出自然的的滨水岸线。此后市规划局根据实施计划分段落分年度分别组织清华大学建筑学院等多家设计单位进行三汊河口、石头城公园、"水木秦淮"街区、七桥瓮生态湿地公园、养虎巷段等重要景区的详细规划设计以及秦淮河两岸沿线建筑新规划，作为外秦淮河整治工程的实施依据。

2003～2005年，江苏省和南京市共同合作，投资约30亿元，于2005年10月完成全部整治工程，外秦淮河初步展现其迷人风姿，形成一条长约12.5km的环城绿带，成为联系老城与河西新城的中心纽带，全面提升了外秦淮河沿线居民的人居环境。2008年，该项目获得了联合国人居奖特别荣誉奖。

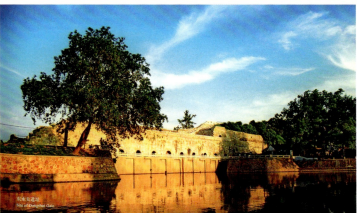

1. 明城墙沿线土地利用规划图
2. 整治后的挹江门——小桃园城墙
3. 狮子山阅江楼
4. 夕阳下东水关美景
5. 秦淮河畔绵延的古城墙

明城墙风光带整治

南京明城墙是国内保存至今、留存最大的一座古代城垣。明城墙及其串联的景区景点是南京城市绿化和景观系统的骨架和"翡翠项链"。1997年，市规划局组织市规划设计研究院，在文物、园林等部门配合下开展明城墙风光带规划工作。该规划获2000年度江苏省级优秀规划一等奖，建设部优秀三等奖。明城墙全长33.67km，现存23.67km。

规划确定整个风光带划分为一级景区5处，二级景区7处，另有一批一般景区。规划提出了城河一体的保护思路，划定了城墙保护范围、控制范围和风貌协调区，确定保护面积为651hm²，环境协调面积为465hm²。

在规划的引导下，南京市分年度有序投入近30亿元分段实施沿线的保护和整治规划，已基本完成城墙外侧的风光带环境整治和建设。明城墙风光带的保护和建设对改善城市环境、提升城市形象、发展特色旅游、保护历史文物和人类遗产有着至关重要的意义。获得了很好的环境效益和社会效益。"南京明城墙风光带规划及实施项目"于2004年获得中国人居环境范例奖。

1. 南京火车站1
2. 南京站综合枢纽规划
3. 南京火车站2

南京火车站

南京站始建于1968年9月，位于金陵古城城北，前临玄武湖，后枕小红山，地理位置优越，景观环境优美。2002年由铁道部、江苏省、南京市三方共同投资在原址改建，总投资3.5亿元，于2005年9月1日作为"十运会"重点项目投入运行。站房东西长270m，南北进深53.5m，地下1层，地上3层，总建筑面积4万多m^2，是原站房面积的6倍。客流高峰期每小时可容纳1万名旅客候车，比原站候车能力增加4倍。

站房采用法国AREP公司的设计方案，采用桅杆斜拉索悬挂结构，用18根桅杆支撑起横向钢梁，像一艘竖起桅杆、拉满风帆的巨型帆船停泊在美丽的玄武湖畔。站前广场总面积近4万m^2，连接主站房、地铁一号线出入口以及各停车场，湖滨亲水休闲区搭建了"亲水平台"，伸手触摸荡漾的湖水，即可感受到江南水乡的柔美。

随着沪宁城际铁路的开工建设，南京北站房、北广场综合客运枢纽的设计工作也在紧锣密鼓地进行。

1	2
	3
	4

1. 金陵神学院
2. 国民政府外交部
3. 南京大学
4. 1912街景（王杰）

民国建筑保护与利用

南京的民国建筑在中国近代史上有着独特的地位，是南京宝贵的文化资源和城市名片。2006年初，南京市规划局组织编制了《南京市2006～2008年民国建筑保护和利用三年行动计划》，该行动计划结合老城环境整治成果和目前已经形成的城市特色地区，提出用3年时间，重点完成沿民国Z字轴线分布的15片以及一批点状的民国建筑的保护与利用工程，使南京一大批重要的民国建筑能"保下来、亮出来、用起来、串起来"，打造"民国文化看南京"的城市品牌。2006年底，南京市人大颁布了《南京市重要近现代建筑和近现代建筑风貌区保护条例》，为保护工作确立了法律依据。迄今已完成了拉贝故居、民国首都最高法院旧址等一批民国建筑，以及1912街区、颐和路12地块、慧园里等多个民国建筑片区的整治工作。

1	2
	3
4	

1. 中心公园实景照片
2. 2007年中心区影像图
3. 2002年中心区影像图
4. CBD现状实景照片

南京新城新中心
——河西CBD

  河西CBD位于河西新城中部核心区，是城市总体规划确定的城市新中心。全长近4km，范围约5.6km²，分两期规划建设。一期长约1700m，占地72.9hm²，主要集中了13个项目16幢标志性建筑，建筑面积241万m²，以商务、办公、公寓式酒店等为主，总投资约96亿元，大部分项目已交付使用，共有近400家企业入驻。市级机关9个部门、建邺区政府已全部进驻新城大厦办公。二期南延，长约1400m，占地约50hm²，根据省、市政府"金融集聚区"的规划定位，主要引进旗帜性的总部企业，将逐步形成跨国公司、集团总部机构集聚的高端区域，总投资约113亿元，目前已有10多个知名企业落户。

1. 纪念馆局部1
2. 纪念馆局部2
3. 纪念馆局部3
4. 纪念馆全景鸟瞰

侵华日军南京大屠杀遇难同胞纪念馆

　　侵华日军南京大屠杀遇难同胞纪念馆（简称江东门纪念馆）位于江东门，是侵华日军南京大屠杀的重要遗址、爱国主义教育的重要基地，也是世界著名的战争灾难纪念馆。江东门纪念馆一期工程由中国科学院院士、东南大学齐康教授设计，于1985年8月15日建成开放，是当代中国建筑史上的杰作。2005年，江东门纪念馆扩建工程经国际方案征集，确定工程院院士、华南理工大学何镜堂教授设计的方案为实施方案，该方案突出了遗址的保护和展示，与一期工程充分结合成为一个大型的城市遗址博物馆，并为城市塑造出独特的纪念性景观。纪念馆扩建后总用地74000m²，建筑面积22500m²，投资约5.4亿元，于2006年正式开工建设，2007年对外开放。

玄武湖

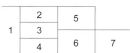

1. 两环四片的结构性绿地规划图
2. 河西滨区整治后
3. 绿树繁茂的紫金山
4. 幕燕滨江大道
5. 幕府山绿化远景
6. 鸡鸣寺-紫金山轴线绿化
7. 雨花台新颜

南京的结构性绿地

　　南京"山水环抱、绿树成荫",自然条件得天独厚。在《南京市域绿地系统规划》中确定了主城绿地以东部钟山、南部雨花台、西部滨江风光带以及北部幕府山风景区为主体,以明城墙风光带为绿色内环,绕城公路绿带与沿江绿带为绿色外环,构建"两环四处"点线结合的园林绿地系统,加大了东处、南片既有景区的保护与西片、北片的生态恢复和绿化建设。

1	4	
2	5	6
3	7	

1. 琵琶湖
2. 前湖景区规划
3. 中山陵
4. 前湖
5. 梅花谷
6. 明孝陵
7. 紫金山天文台

中山陵园风景区环境综合整治

　　中山陵园风景区是国家级重点风景名胜区——钟山风景名胜区的主体部分，占地约31km²，森林覆盖率达77%，拥有各类历史文物、遗迹207处，其中既有世界文化遗产明孝陵，也有中国民主革命的先驱孙中山先生的陵墓。景区以其丰富的自然资源和深厚的历史文化内涵成为南京"山、水、城、林"城市特色的代表。

　　2004年，南京市政府委托美国易道公司（EDAW）编制了《钟山风景名胜区外缘景区规划设计》，全面整合了钟山风景名胜区与城市的关系，在保护核心景区生态保育和旅游观光功能的基础上，恢复外缘景区的生态植被，塑造一批以市民休闲游览为主要功能的主题景区。

　　南京市于2004年启动了中山陵园风景区环境整治工程，至今总计拆迁居民5182户，工企单位41家，拆除建筑面积90万m²，栽植各类树木30余万株，扩大绿地面积440hm²，总投资40多亿人民币。在规划的引导下，建设了前湖景区（包括琵琶湖公园、前湖公园、梅花谷公园）、博爱园、钟山体育运动公园、山北民风园、会议休闲园等五大景区，风景区内环线更将这些景区景点有效串联起来，初步形成了城墙、湖水、山林交相辉映的市民休闲新天地，成为南京市重要的自然与文化标志性地区。

杭州

Hangzhou

杭州位于中国东南沿海，浙江省北部，钱塘江下游北岸，京杭大运河南端。全市总面积16596 km²，其中市区面积3068 km²，下辖8区3市和2个县。

杭州是我国七大古都之一，是我国第一批公布的24个历史文化名城之一。"上有天堂、下有苏杭"，美丽的西湖山水更是著称于世，或山青水秀，或珠帘玉带，或烟柳画桥，风情万般。

  2008年末，杭州市常住人口为796.6万左右，户籍人口为677.64万。杭州地区生产总值4781.16亿元，按常住人口计算的人均GDP为6.0414万元。到2008年底，杭州城区绿地面积达127.9km^2，城区绿地率达35.32%，绿化覆盖率达38.6%，人均公园绿地达13.9m^2，走在全国同类城市前列。

  杭州市最早得到国务院批准实施的是《杭州市城市总体规划（1981～2000年）》。该版规划1978年7月开始编制，1983年5月16日经国务院批准实施。规划范围430km^2，至2000年规划城市人口105万人，用地90km^2，城市性质为"浙江省的省会，全国重点风景旅游城市和国家公布的历史文化名城"，规划布局结构为"一个西湖风景区、五个工业区、五个生活居住区、七个卫星城，预留钱江两岸发展用地"。该版规划对指导杭州市城市建设、完善城市功能、促进经济和社会全面发展起到了积极的作用。

  为适应跨世纪城市发展的需要，1993年8月开始了新一轮杭州市城市总体规划编制工作。1998年9月，规划报省政府审查，2000年3月上报国务院审批，2000年9月国家建设部会同有关部、委、办、局完成了对《杭州市城市总体规划（1996～2010年）》的审查。2001年2月，杭州市区行政区划作出重大调整，原萧山、余杭两市"撤市设区"，划入杭州市区的行政区范围，杭州市区面积从683km^{2}扩展到3068km^2。根据此一变化，已经上报的城市规划进行了新一轮修编。

  2007年2月16日，国务院正式批复《杭州市城市总体规划（2001～2020年）》。最新一轮的城市发展规划确定杭州市城市性质为："浙江省省会和经济、文化、科教中心，长江三角洲中心城市之一，国家历史文化名城和重要的风景旅游城市"，规划范围3122km^2，至2020年中心城区城市常住人口405万人，城市建设用地370km^2。新一轮规划确定的城市空间布局将从以旧城为核心的团块状布局，转变为以钱塘江为轴线的跨江、沿江，网络化组团式布局，采用点轴结合的拓展方式，组团之间保留必要的绿色生态开敞空间，形成"一主三副、双心双轴、六大组团、六条生态带"开放式空间结构。新一轮规划确定杭州未来的城市发展方向是"城市东扩，旅游西进，沿江开发，跨江发展"，围绕这一发展方向，将实施"南拓、北调、东扩、西优"的城市发展战略，最终形成"东动、西静、南新、北秀、中兴"的城市格局。

  新一轮城市规划明确了杭州由"西湖时代"走向"钱塘江时代"的发展方向，为城市发展提供了广阔的空间，为杭州市到2020年的城市发展提供了科学的依据。

1. 钱江新城实景
2. 中轴线文化区
3. 钱江新城核心区鸟瞰效果图

钱江新城

用地面积 18.6km²

钱江新城位于杭州市老城区的东南部,与开阔的钱塘江咫尺之遥,距离西湖风景区约4.5km,距萧山国际机场约18km。钱江新城总用地面积18.6km²,分二期滚动实施。一期规划范围为东临钱塘江、南至复兴大桥、西至秋涛路、北至钱江二桥和艮山西路,总面积15.8km²;二期规划范围为东至和睦港、北至规划中的钱江路、西至钱江二桥、南至钱塘江,总面积2.86km²。一期规划范围中,由秋涛路、庆春东路、清江路和钱塘江围合而成的4km²为新城核心区,即杭州中央商务区(CBD)。钱江新城的建设将使杭州城市格局由"三面云山一面城"演变为"一江春水穿城过",引领杭州从"西湖时代"走向"钱塘江时代"。

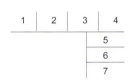

1. 中太平巷实景
2. 河坊街小巷实景
3. 后市街实景
4. 清河坊街里街
5. 清河坊街景
6. 民国建筑群
7. 实景鸟瞰

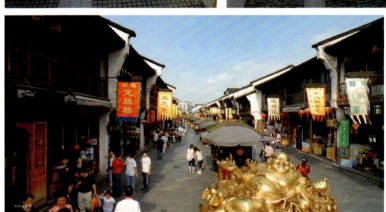

清河坊历史街区

占地面积 13.66hm^2

　　清河坊历史街区坐落于杭州市上城区吴山北麓，南面为繁华的延安路特色商业街，毗邻西湖、柳浪闻莺等杭州著名风景区，坐拥杭州历史文化名城的自然山水，占地面积13.66hm^2，它是杭州保留较为完整的历史街区。从2000年4月8日开始，上城区政府对清河坊的历史建筑群进行保护，同时又开发新的街景，依照"修旧如旧"的原则，严格按原有风貌加以保护。清河坊历史街区除保留区内著名的老字号外，以招租、联营等形式，引入商家经营古玩、字画、旅游纪念品、工艺品、杭州及各地名土特产等符合街区历史文化氛围的项目，形成以街引商、以街带商、以商兴旅、以旅促荣的良性循环。

　　2002年10月，杭州清河坊历史街区在改造与保护工程正式启动一年半之后，正式开街，460m长的步行街浓缩了明清时期杭州的市井风貌。经改造后的清河坊历史街区，正在逐步形成具有浓郁传统气息的文化、娱乐、商业及游览街区。

运河综合保护工程

京杭大运河纵贯京、津、冀、鲁、苏、浙六省市,沟通海河、黄河、淮河、长江、钱塘江五大水系,是和长城齐名的伟大工程。杭州是京杭大运河的南端起点。

运河综合保护工程是杭州市"十五"和"十一五"时期"十大工程"之一。一期工程于2006年10月1日竣工,"一馆两带两场三园六埠十五桥"等运河主城区景观经整治后全面亮相。二期工程计划历时四年(2007~2010年),投资219亿元,实施水体治理、文化旅游、绿化景观、路网完善、民居建设、土地整理"六大工程"建设,突出水质改善、古建筑保护、企业搬迁、景观整合、城中村改造"五大重点"。

通过实施运河综合保护二期工程,一大批历史文化遗存得到妥善保护和修缮,其中,小河直街历史街区保护工程是杭州市历史文化街区的试点项目之一。小河直街历史文化街区地处京杭大运河、小河、余杭塘河三河交汇处,总用地面积约11.59hm^2。保护工程以改善旧城区中低收入群体居住条件和保护历史文化遗产为主要目的,2006年形成保护规划,2007年1月启动,2007年9月底完成一期建设。

1. 小河直街整治后实景
2. 拱宸桥旧景
3. 拱宸桥新景
4. 小河直街鸟瞰效果图

西溪湿地

占地面积　11.4km²

西溪湿地保护区位于杭州市区西部，保护区范围东起紫金港路绿带西侧，西至绕城公路绿带东侧，南起沿山河，北至文新路延伸段，总面积11.4km²。根据总体规划方案，西溪湿地保护区设立了五大特色保护区，即生态保护培育区、民俗文化游览区、秋雪庵保护区、曲水庵保护区和湿地自然景观保护区。

西溪湿地综合保护工程由西湖区负责实施，已于2003年9月正式启动。保护工程总体上分三期实施：第一期，核心区块的保护，主要在秋雪庵保护区及曲水庵保护区，面积约2.33km²，实施时间为2003年11月～2005年5月；第二期，主要在花蒋路两侧的区块，实施时间为2005～2006年；第三期，主要在生态保护培育区及自然景观游览区区块，实施时间为2006～2007年。

1
2
3

1. 局部鸟瞰
2. 实景西溪
3. 湿地芦苇

1. 杭州西湖景色1
2. 杭州西湖景色2
3. 杭州西湖景色3
4. 杭州西湖景色4
5. 杭州西湖景色5

西湖

西湖风景名胜区是以秀丽、清雅的湖光山色与璀璨的历史文化交融一体为特色，以观光游览为主要功能的国家重点风景名胜区。西湖风景名胜区范围为59.04km²，外围控制地带范围为39.65km²。自2002年起，杭州市已连续6年实施了西湖综合保护工程。整个工程累计新建、恢复景点140余个，再现了"一湖两塔三岛三堤"的西湖全景图，形成了"东热南旺西幽北雅中靓"的西湖新格局。

【西湖综合保护工程大事记】

■ 2002年2月20日至10月1日：西湖环湖南线整合工程。

■ 2002年底至2003年10月1日：西湖综合保护"三大景区"建设工程，包括杨公堤景区、湖滨新景区和梅家坞茶文化村三大景区。

■ 2004年：西湖北线（主要是北山街）以及散落在西湖周边的"一街、二馆、三园、四墓、五景点"等15个历史文化景点整治改造。

■ 2005年：按照规划继续实施8个项目，分别为两堤三岛、西湖博物馆、龙井村、龙井寺、韩美林艺术馆、北山街部分景点、灵隐头山门牌坊、西湖学研究院等，实现了西湖的第四次推出。

■ 2006年：主要实施灵隐景区综合整治、吴山景区环境综合整治、"龙井八景"恢复整治等三个重点项目。

■ 2007年：实施八大综合保护项目，即高丽寺、印象西湖、灵隐二期、吴山二期、南宋官窑博物馆二期、八卦田遗址整治、虎跑公园保护整治、虎跑路沿线及满觉陇村庄整治。

福州

Fuzhou

福州是福建省省会，地处我国东南沿海，北接长三角地区，南与珠三角地区接壤，与台湾隔海相望。全市总面积1.2万km²，海岸线长1310km，总人口近700万人，下辖5区2市6县。

福州市是全国历史文化名城。市区内分布有16个历史文化街区、337个各级文物保护单位、133处优秀近现代建筑，"三山两塔一条街"是其古城区特色。城内河网密布，山居城中，榕荫覆盖、地下有温泉，构成了福州的城市特色。

新中国成立以来,在不同经济社会背景和指导原则下,1952年、1960年、1982年、1990年、1996年,福州先后进行了五次总体规划和修订、调整。目前正在实施的是国务院 1999年5月12日正式批复的《福州市城市总体规划》(1995~2010年)。为加强城市规划对城市建设和发展的指导作用,2007年起,福州市开始组织编制新一轮城市总体规划,《福州市城市总体规划(2009~2020年)》于2008年12月通过住房和城乡建设部审查。

《福州市城市总体规划(2009~2020年)》规划区范围包括福州市区、长乐市、闽侯县、连江县、平潭县以及永泰县部分乡镇,规划区面积约5000km^2,其中中心城区面积1443km^2。城市发展目标为:经济繁荣的领军城市,生活舒适的宜居城市,环境优美的山水城市,人文和谐的文化名城。城市性质为:福建省省会,海西经济区的中心城市,国家历史文化名城。规划2020年中心城区建设用地规模368km^2,人口规模400万人。

根据《福州市城市总体规划(2009~2020年)》,城市重点发展方向为"东扩、南进",中心城区空间结构为"一主两副三轴"。"一主"为鼓台中心,主要承担行政、商务、医疗、体育、文化、教育等职能;"两副":东部新城副中心、科学城副中心;"三轴":传统城市服务发展轴、城市东扩发展轴、城市南进发展轴。

根据规划,福州将形成集公路、水路、铁路、航空为一体的多层次、多功能发达的交通网络。长乐国际机场位于中心城区东面的长乐市东郊,距离市中心48km,位列全国二十大空港。近期设计旅客吞吐量为每年650万人,远期规划旅客吞吐量为每年3000~4000万人。

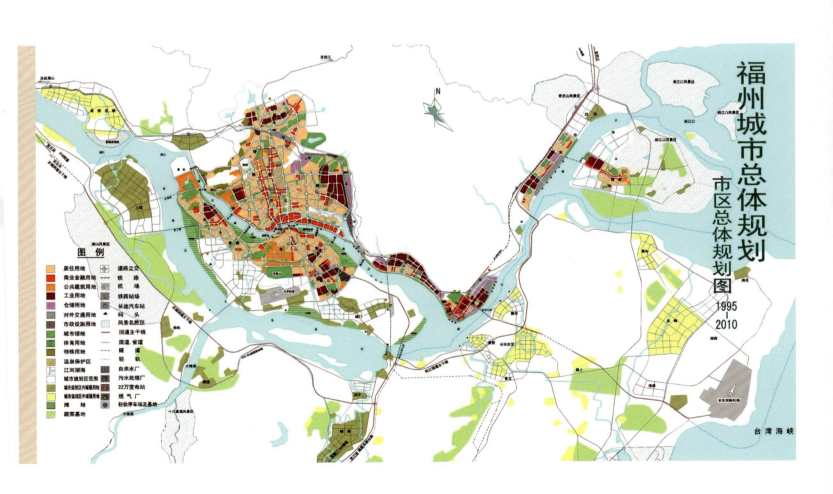

三坊七巷总平面图

福州水榭戏台复原鸟瞰图

三坊七巷

占地面积 39.81km²

三坊七巷位于福州历史文化名城中轴线南街以西，西至安泰沙，南接安泰河，东抵八一七路，北邻杨桥路，总占地面积39.81hm²。其中，"三坊"为衣锦坊、文儒坊、光禄坊，"七巷"为杨桥巷、郎官巷、塔巷、黄巷、安民巷、宫巷、吉庇巷。

三坊七巷自晋、唐代形成起，便是贵族和士大夫的聚居地，并于晚清民国走向辉煌，涌现出大量对当时社会乃至以后的中国历史有着重要影响的人物，至今依然比较完整地保留着明清时期的历史风貌，是福州历史文化名城最重要的标志之一，承载着福州城市丰富的历史文化积淀，被誉为"明清建筑博物馆"、"城市里坊制度的活化石"。

1. 修复中的水榭戏台看台
2. 修复中的水榭戏台

福建省图书馆

建设地点	福州市湖东路
设计单位	福建省建筑设计研究院
施工单位	福建省第六建筑工程公司
项目规模	总建筑面积23996m²
	藏书300万册
设计起止日期	1989年3月~1990年12月
项目造价	总造价3638万元（竣工决算）
	单方造价1675.34元/m²
竣工日期	1995年7月

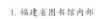

1. 福建省图书馆内部
2. 福建省图书馆外部

福建省图书馆主体建筑分阅览、书库、办公、报告厅等部分。平面取均衡对称的庭院式布局，以门厅、中庭、出纳厅、书库为中轴，两侧对称布置阅览室和内院。4层高的中庭，对两侧庭院开敞，内外空间流通，适合南方温暖的气候，形成舒适惬意、富有魅力的共享空间，构成图书馆内部空间的核心；合理组织了借阅活动，使读者、书刊及管理人员三者流线便捷，确保图书馆建筑的适用性与高效性。

建筑造型突出文化性、地方性和现代性。入口部分用高墙围出一个半圆形露天空间，隐喻福建圆楼，使读者从嘈杂的城市进入图书馆之前，有一个空间过渡，以实现情绪的转换与福建特色的暗示。建筑正面的女儿墙，汲取闽南民居屋脊分段生起的手法作高低变化，丰富了建筑的天际轮廓。在底层基座饰以仿石面砖间红砖横缝，传承闽南传统建筑装饰手法，充分体现"地方味"。建筑外观设计中，把福建传统建筑中最有特色的建筑语汇，以现代的手法加以改造、变形、重组，用以表现其地域性，使之成为只能是属于福建的建筑。

1	2
3	

1. 福州大学图书馆
2. 福州大学素质基地
3. 福州大学教学楼

福州大学新校区

福州大学是国家"211工程"重点建设大学，创建于1958年。目前在校全日制学生33000多名，其中博士、硕士研究生4300多名，另有独立建制学院学生9000余名，成人教育学历类学生8000多名。

福州大学新校区图书馆工程项目位于福州闽侯上街镇福州大学新校区内，是新区的首期建设项目，与环绕的公共教学楼群形成共享中心，是福州大学的标志性建筑之一。工程建筑占地面积9471m^2，建筑总面积为35396m^2，3~5层框架结构，总投资约1.7亿元。

大学生素质教育基地位于新校区中部，南面为湿地，西面是体育运动场区，东面为图书馆，规划道路环绕。工程总建筑面积6030m^2，为2~4层框架结构，总投资1642万元，2006年8月14日竣工。大学生素质教育基地为学生活动教育和教学管理、办公用房，由团委学生处办公室、供需见面大厅和公共卡拉OK厅等组成。

福州大学公共教学楼群也是福州大学的标志性建筑之一。楼群总建筑面积66794m^2，总投资约12486万元，为5层框架结构。内设普通教室、阶梯教室、语音教室、多媒体教室、计算机机房等，可以容纳2万学生同时上课。

合肥
Hefei

合肥地处我国华东地区，长江、淮河分水岭南侧，巢湖西北岸，居安徽省中部，是一座具有2000多年悠久历史文化的古城，美誉为"三国故地、包拯家乡"。新中国成立初期，城市建成区面积仅3km^2，人口不足5万，市区街道狭窄，建筑破旧，仅有一个48kW的电厂和几家小作坊。新中国成立以来，合肥市自20世纪50年代初就成为安徽省省会城市。经过近60年的规划建设，到2008年，合肥城市快速发展，已经成为拥有城市人口230万、建成区面积230km^{2}的现代化滨湖大城市，地区生产总值达1665亿元，人均住房建筑面积27m^2，人均公共绿地面积11.44m^2。

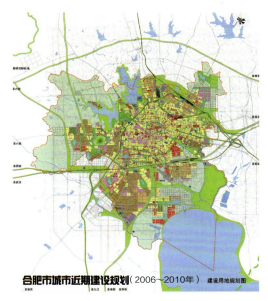

合肥市城市近期建设规划（2006~2010年）建设用地规划图

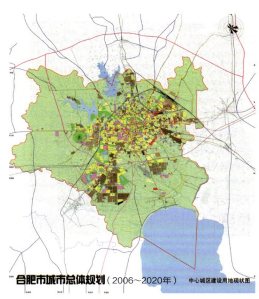

合肥市城市总体规划（2006~2020年）中心城区建设用地现状图

合肥市总体规划示意图 1979—2000 1:50000

建设用地现状图（2000年）

建设用地规划图（2001—2005年）

20世纪50年代，是合肥城市规划建设的起步期。依据区位和省会优势，积极引进外地内迁项目，大力兴办地方工业，规划建设工厂区。同时，按照粗线条的街区规划，在市区开辟长江路等一批城市主干道，初步形成市区道路交通网络和全市的商业中心，为合肥奠定了城市建设的里程碑。合肥成为新中国一个新兴的工业城市和明星城市。

20世纪60年代是合肥市规划基础阶段和城市建设的困难时期。面临全国性的三年自然灾害和"文化大革命"，合肥城市人口外流，工业经济水平下降，规划建设陷入停顿状态。到70年代，合肥城市规划建设进入了新的发展时期，初步建成了三个工业区，形成近50万人口规模的综合性工业城市。1979年，完成第一轮报国务院批准的城市总体规划编制，其风扇形城市用地布局利用了巢湖季风，融田野、市区为一体，也为城市发展预留了空间。

20世纪80年代，是合肥城市规划建设快速、健康发展的关键时期。1982年，国务院批准了合肥城市总体规划（1979~2000年），对合肥到20世纪末的城市建设发展起到了重要的指导作用。1983年开始，合肥市实现旧城改造和新区开发并举，创造出"统一规划、合理布局、综合开发、配套建设"的规划经验。

20世纪90年代，合肥城市规划建设步入快车道。合肥市在获得全国首批国家园林城市和综合经济实力50强城市后，成为全国对外开放城市。1995年，编制完成第二轮《合肥市城市总体规划（1995~2010年）》，陆续规划建成国家级合肥高新技术产业开发区、合肥经济技术开发区以及建设部试点的合肥新站综合试验区等，还规划建立了7个省级产业园区，合肥成为了全国重要的科研教育和现代工业基地。

进入21世纪，合肥迎来了大建设、大发展的高速发展时期。合肥市及时抓住机遇，加快发展，绘出"141"（一个主城区，四个城市用地组团，一个滨湖新区）宏伟战略规划蓝图，陆续建设政务文化新区和滨湖新区，迎来了建设现代化滨湖大城市的新高潮。2006年，编制完成新一轮《合肥市城市总体规划（2006~2020年）》，市域规划范围7029km^2，主城区规划面积达838km^2。到2010年，合肥市人口规划为300万人、300km^2，2020年市区人口规划为360万人、360km^2。

如今，合肥城市规划建设日新月异，合肥作为未来的绿色之城、科技之城、宜居之城正在我国中部地区崛起。

琥珀山庄

　　琥珀山庄位于合肥市蜀山区，东邻环城公园黑池坝景区，南临长江西路，北抵南淝河。居住区内景色宜人，交通便利，距市中心1km左右，具有理想的宜居环境。

　　1989年，合肥市城市改造工程指挥部为加快旧城改造和新区开发，对该地段进行改造建设，合肥市规划设计研究院作规划设计方案。结合用地狭长、地形高差起伏特色，规划方案取名"琥珀山庄"。之后，城改指挥部向全国发出规划设计方案招标，由安徽省城乡规划设计研究院、合肥市建筑设计研究院共同中标，市城改指挥部成立联合规划和建筑设计组进行修改规划和开展建筑设计，委托安徽省和合肥市等建筑公司施工。琥珀山庄居住区规划为三个居住小区，占地32万㎡，总建筑面积达33万㎡，总投资达6亿元。规划布局因地制宜，顺应地势建立居住区道路交通系统和住宅组群；依靠科技进步，开展建筑节能、污水处理、新材料、新产品的推广应用，创造出适应现代生活需求的居住区。1993年全面竣工后，于同年10月成为安徽省第一个"优良住宅小区"。1994年7月，琥珀南村获建设部城市住宅小区试点综合金奖。同时，获得国家科技进步、规划设计、建筑设计、工程质量四项一等奖和国家鲁班奖。

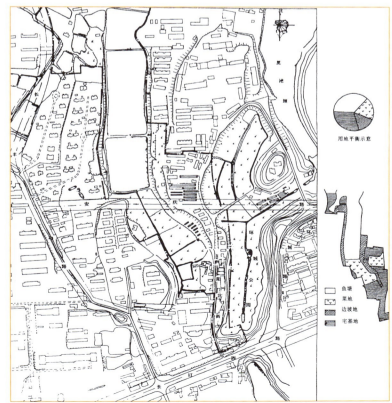

2	1
	4
3	5

1. 琥珀小区
2. 琥珀山庄1
3. 琥珀山庄2
4. 琥珀潭小区
5. 琥珀山庄南村现状图

环城公园

规划单位　合肥市园林设计院
占地面积　137.6hm²

环城公园位于新旧城交界地带，环抱整个旧城，始建于20世纪80年代，由合肥市园林设计院实施规划设计，1984年春全面兴建，总投资额约3000多万元。

公园建设贯彻"人民城市人民建"和"公办民助"的方针，由驻合肥市中央、省直200多个单位和系统，按照指挥部分配的承建任务承建或委托指挥部承包其工程任务，全面动工兴建。1986年公园粗具规模，形成长8.7km、总面积137.6hm²的敞开式环形带状公园。2004年由合肥市建委批准立项，总投资6200多万元，全面实施水体清淤和整体环境改造工程。

环城公园因其成功的城市绿化布局方案和良好的生态环境被国家统编中学地理教科书引用为范例。

历年荣获奖励：
1. 1986年，建设部评为"全国优秀设计、优秀工程一等奖"。
2. 2004年，建设部授予"节约能源——城市绿色照明示范工程"称号。
3. 2004年，建设部授予"2004年度中国人居环境范例奖"。

1. 银河景区俯瞰
2. 琥珀潭景区
3. 包河景区俯瞰

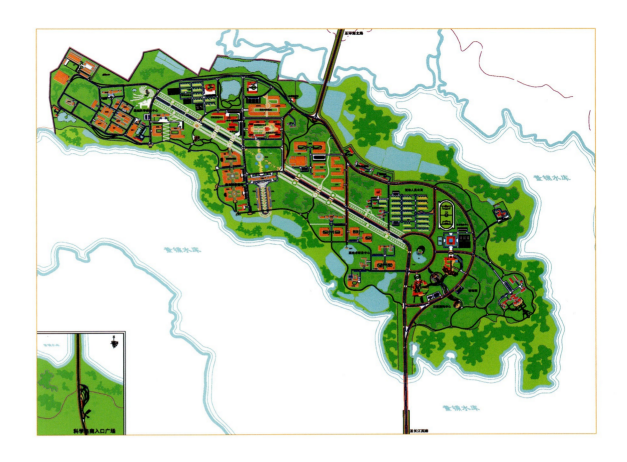

1. 2001年科学岛平面图
2. 科学岛1
3. 科学岛2

科学岛

规划单位　合肥市规划设计研究院
占地面积　2.04km²

科学岛为中国科学院合肥分院驻地，位于市区西部，距市区17km，是蜀山区所辖董铺水库西面的半岛。其地形三面临水，呈带状，西北高，东南低，东西长3.28km，南北宽720m，面积约2.04km²。全岛呈鱼脊背状，中间脊背高程为36m。

科学岛地处董铺水库，水面环抱，为合肥市蜀山风景区的组成部分，自然环境优美，绿树成荫，气候宜人，是得天独厚的幽静场所和科研基地。

1986年，合肥市规划设计研究院受中科院合肥分院委托，编制了董铺岛科研基地规划，明确规划指导思想为"创造安静、舒适、有利科研、方便生活"的环境，为建成一个现代的"科学城"制定切实可行的规划方案和环境设计。规划明确合肥分院在科学岛规划建立以基础科学和技术科学为主的综合性科研基地。到2000年，发展到人口规模1万人，用地规模204hm²。

根据"十二五"计划的建设项目安排，科学岛内将规划建设洁净能源研究实验中心、大气环境光学与遥感定标实验场等10多项重大建设项目，估计总投资达6.7亿元，将逐步打造成科技创新型的试验平台，通过创新研发，为科学岛未来30年的规划建设发展和面向国际奠定雄厚的科研基础。

1. 滨湖新区夜景
2. 滨湖新区总平面图
3. 滨湖新区实景
4. 滨湖新区会展中心

滨湖新区规划建设

占地面积 196km²

  滨湖新区是合肥"141"城市空间发展战略，即"一个主城区，四个城市组团，一个滨湖新区"的重要组成部分，规划范围为：南依巢湖，北靠南二环路，西接上派河、合安高速，东临南淝河，总面积约196km²。2006年11月15日，滨湖新区建设正式启动。截至目前，滨湖新区累计完成固定资产投资200多亿元，房建工程签约总面积超过1215万m²，累计开工670万m²，累计竣工并交付使用达130万m²。一个基础设施较为完备、社会事业粗具规模、拆迁群众安定和谐、人气逐步汇集的新城区正在逐渐成型。

滨湖新区项目：

渡江战役纪念馆	安徽名人馆项目
会展中心	合肥国际创新展示馆
滨湖世纪城项目	高速·滨湖时代广场
市一院滨湖中心医院	滨湖新区轮滑场
合肥一中	合肥四十六中
合肥师范附小	合肥国际金融后台服务基地
滨湖品阁	滨湖家园
滨湖和园	滨湖惠园
巢湖综合治理工程	塘西河综合治理工程
塘西河小型污水处理厂	

政务文化新区规划

规划面积　12.67km²

政务文化新区位于合肥市西南，南接经济技术开发区，北靠老城区，西临高新技术开发区，东至金寨路高架。规划面积12.67km²，拟建成一个以行政办公、文教科研、金融商贸、旅游度假、居住休闲为主导功能，符合人性化尺度，具有地域特色的生态城市空间，打造具有多元文化的魅力新区、时尚之城。

截至2008年底，新区各类建设累计完成投资312.68亿元，其中重点工程和基础设施建设完成投资100.48亿元，公用建筑和开发项目完成投资212.2亿元，累计开工面积804万m²，竣工面积505万m²。

1	2
3	

1. 政务文化新区大道
2. 政务文化新区土地使用规划图
3. 天鹅湖风光

济南

Jinan

济南市位于山东省中西部，南依泰山，北跨黄河，地势南高北低，境内泉水众多，被誉为"泉城"。济南历史悠久，境内发现了新石器时代的文化遗址。济南在汉初即已得名，明清以来一直是山东省省会。2007年，全市年末户籍总人口604.85万人，年末暂住人口115.65万人，总面积8177km^2，市区面积3257km^2。

　　1950年，济南编制了解放后的首个城市总体规划——《济南市都市计划纲要》。《纲要》针对济南市的自然地理特点和经济基础，提出形成轻工业中心、建设"环境优美的文教和住宅都市"等规划，并对城市用地发展范围和城市的结构布局进行了描绘和规划，确定了一些重要公共建筑的具体位置。这为城市的开发建设奠定了基础。

　　1956年，济南在前一阶段工作的基础上，编制了《济南市城市建设初步规划》，确定济南市是山东省的政治、经济、文化中心，拟定东郊为今后的城市发展地区，对城市功能分区及规划布局进行了部署。尽管《初步规划》还不够完善，但对指导"一五"期间的城市建设起了积极作用。

　　1959年，编制了《济南市城市总体规划》。《规划》将济南市的城市性质确定为以冶金、机械工业为主的综合性的工业城市和水、陆、空交通的枢纽。此后二十多年的建设初步证明，这次城市总体规划的骨架基本上是合理的。1978年党的十一届三中全会以来，济南开始着手对1959年总体规划进行重新修订，并于1980年编制完成，1983年6月经国务院正式批复实施。规划将济南的城市性质确定为山东省会，以泉水著称，以机械、轻纺工业为重点，适于开展旅游的社会主义现代化城市。

　　1990年，为适应新的发展形势，对1980年版总体规划确定的城市性质、规模和总体布局进行了调整。城市性质调整为：济南市素有"泉城之誉"，是国家级历史文化名城，山东省会，以机械、轻纺工业为重点，适于开展旅游事业的社会主义现代化开放型城市。

　　改革开放十几年来，济南城市发展极其迅速，针对当时出现的许多新情况和新问题，济南于1995年5月对1983年版总体规划进行了修订，编制了《济南市城市总体规划（1996～2010年）》，1997年完成，2000年12月22日经国务院正式批复。城市发展目标为：2010年把济南市建设成为经济发达、社会文明、布局合理、交通便捷、基础设施完善、生态环境良好、人民生活富裕、泉城特色突出的现代化省会城市。2000年版城市总体规划首次从区域分析的角度合理确定城市的发展定位和城市性质，对市域城镇体系及市区卫星镇进行了统筹布局安排，并引入有机疏解的理念，在城市外围构筑发展组团，有效疏解城市功能，拓展城市发展空间，对有效指导城市建设、促进城市合理健康发展起到了重要作用。

　　为适应新时期经济社会发展，经建设部批准，济南于2004年6月启动了新一轮城市总体规划修编。这轮总体规划修编坚持以科学发展观为指导，全面落实"五个统筹"，贯彻落实"东拓、西进、南控、北跨、中疏"空间战略和"新区开发、老城提升、两翼展开、整体推进"发展思路，突出以人为本、城乡一体、生态保护、规模适度、空间管制、资源节约等"六个注重"，为济南21世纪的新发展奠定了基础，得到了社会各界的高度评价。

大明湖风景名胜区

泉生济南,水载泉城。泉城明珠大明湖,历史悠久,景观秀美,内涵丰富,是众泉汇流而成的天然湖泊。1958年辟建为公园,2003年荣膺国家AAAA级旅游景区和省级风景名胜区。

2004年到2009年大明湖进行了有史以来规模最大的改扩建工程。拆迁面积22万m^2,投入资金20.5亿元,拆迁民居2961户、国有非住宅25个单位,总面积由74hm^2增至103.4hm^2,其中,水面由46hm^2增加到57.7hm^2,陆地由28hm^2增加到45.7hm^2。

通过改建原南北历山街为景区观光路——"鹊华路",将小东湖与大明湖有机联系起来,实现大明湖由"园中湖"变为"城中湖"。新建七桥风月、秋柳含烟、明昌晨钟、稼轩悠韵、竹港清风、超然致远、曾堤萦水、鸟啼绿荫八大景区,使大明湖新景与老八景(历下秋风、佛山倒影、沧浪荷韵、汇波晚照、丹坊耀日、明湖泛舟、明湖秋月、鹊华烟雨)有机融合,呈现出一环、二带、三居、四祠、五园、六楼、九岛、十六亭、二十九桥、明湖十六新景观,展现在世人面前的是一个既古老又崭新,既娴雅又壮阔,既富于传统文化又体现人文生态理念的旅游休闲胜地。

1. 大明湖公园内景1
2. 大明湖公园内景2
3. 环城公园整治改造后面貌
4. 新建成的船闸
5. 改造后的五龙潭公园区域景观

环城公园

　　环城公园地处繁华的老城区，前身为济南古城城墙外的护城河，1985年沿护城河建设而成，总面积26.3hm²，水面面积8.4hm²，绿地面积13.5hm²，它像一条翠带围绕古城，把趵突泉泉群、黑虎泉泉群、五龙潭泉群及大明湖公园连为一体。

　　2002年4月至2003年9月实施了环城公园综合整治改造工程，建设单位为济南市园林局，改造面积25.5hm²。经过河道清淤，砌筑河岸，安装石栏，新建改造园林小品、亭、廊、水榭，铺装园路，栽植苗木等工程建设，护城河面貌焕然一新，泉群竞涌，碧波荡漾，翠松嫩柳，水榭曲桥，景色迷人，为广大市民及游客提供了一个娱乐、健身、休憩的极佳场所。

　　2007年11月，为迎接第十一届全运会，实施了环城河通航工程，总规划用地面积4.58hm²，预计总投资4.84亿元。工程通过拆迁规划范围内影响通航和有碍观瞻的建筑，新建、改造沿线桥梁，建设船闸、节制闸、防洪闸，河道清淤，迁移改造相关管线，美化改造河岸，实施沿河夜景灯光工程等，实现了环城河游览系统的贯通，提升了沿线景观品质，打造了一条自然风光优美、历史人文内涵丰富、独具泉城特色的泉水游览景观带。2009年7月18日，工程实现了解放阁至大明湖的正式通航，航线全长5.5km。今天的环城河，已经成为了泉城旅游观光的新景点和居民群众休闲的新场所。

武汉
Wuhan

武汉地处中国内陆腹地，雄踞江汉平原东部、长江汉水交汇之处，地理位置优越，是一座具有3500年历史的文化古城。目前，武汉市的城市人口862万，人均住房面积25.5m^2，人均公共绿地面积6.6m^2，城市建设用地规模343.3km^2，2008年地区生产总值达到3960亿元，全市人均GDP达到4.92万元。

1954

2006

新中国成立以后，武汉城市建设发生了前所未有的变化，城市规划发挥了巨大的作用。自1949年至今，武汉市1954年、1959年、1979年、1982年、1988年、1996年和2006年共进行了7次总体规划修编，大体可分为两个时段：社会主义计划经济时期和社会主义市场经济时期。

社会主义计划经济时期，武汉城市建设方面主要是借鉴前苏联的城市规划思想，将工业发展确定为城市工作的重点，按照计划经济的要求，强化城市的功能分区和工业布局，强调基础设施建设，初步确立三镇整合的发展思路。这一时期规划建设了大量的工业项目，形成了完善的武汉工业体系，奠定了现代制造业发展基础；强化城市功能分区，城市组团式布局明显；跨江桥梁和铁路网络的建设，使城市交通方式由水运转变为铁路与公路并重，城市空间从沿江转向沿重要干道展开。

社会主义市场经济时期，武汉按照现代化特大城市的发展规律，提出了城镇地区一体化发展思路，积极发展卫星镇和新城。为适应武汉山水资源的分布特点，采取了"多中心组团式"空间布局，建设具有滨水城市特色的现代化生态城市。这一时期规划构建了武汉由内到外的"三二一"产业发展格局，基本确立了现代化城市的经济发展空间框架；提出"主城＋7个卫星镇"的城镇体系，奠定了武汉未来区域发展的"主城＋卫星城"的城市模式；强化了对山水自然资源的保护，初步形成武汉山水园林城市框架；采取了"圈层式"空间发展模式，提出"环形＋放射"的主干路网体系，构建国际性大都市的交通格局。

江滩公园

武汉江滩公园全长26km,政府投资10亿元,经8年建设,目前已形成两江四岸江滩美景。两江四岸江滩各具特色:汉口江滩注重亲水,武昌有百年历史遗迹,汉阳则是神话传说。按照规划,再过8年左右,武汉江滩还将延长三倍,达到80km。两江四岸江滩将完成长江白沙洲大桥到天兴洲大桥段、汉江龙王庙到舵落口段,基本覆盖武汉城区,主城区沿江滩地全部建成公园。

1998年百年一遇的洪水退去后,武汉市政府听取各方面建议,将防洪、整治、游乐结合起来,先试建汉口江滩。2001年,汉口段客运港至后湖船厂7007m长的滩地开始建设,2002年"十一"建成开放,汉口江滩二、三期工程也在2005年底前陆续建成开放。

武昌、汉阳两地的江滩建设也先后推进。武昌江滩上起临江大道紫阳路闸口,下至长江二桥,全长8km,于2004年底建成;汉阳江滩起于晴川阁,止于杨泗港,2006年5月完成一期工程。2007年10月,汉江河口至月湖桥两岸防洪及环境综合工程完成硚口、汉阳两岸全长5286m整治,建设彰显了塞纳河般迷人的夜景。

目前正在建设中的3处江滩为青山江滩、汉江硚口江滩、汉阳江滩二期,建设总投资约3亿元。青山江滩从华新水泥厂至天兴洲大桥,全长1600m。汉江江滩在硚口区政府对面,总长500m。汉阳江滩二期从杨泗港至白沙洲大桥,全长3850m。

1. 天津路入口广场	7. 索膜结构建筑(服务区)	13. 旱地喷泉
2. 展示接待中心	8. 休憩步行道	14. 雕塑喷泉、水幕激光
3. 综合服务楼	9. 露天剧场	15. 观江台
4. 凭江观潮广场	10. 缓 丘	16. 光之隧道
5. 步道廊亭	11. 阳光草坪	17. 夜星海广场
6. 树 阵	12. 中央绿化广场	18. 水上乐园
19. 儿童游戏场	25. 生态湿地	
20. 生态密林		
21. 露天茶座		
22. 堤防观景走廊		
23. 观江步行道		
24. 无障碍大台阶		

1. 三阳广场
2. 一期鸟瞰图
3. 二期总平面图

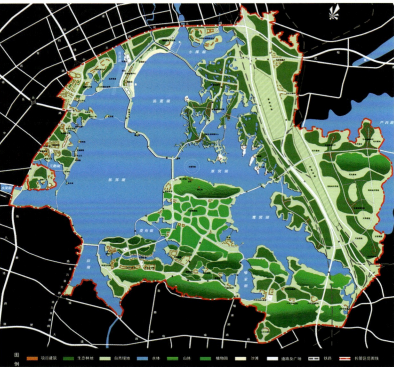

1. 浩瀚东湖
2. 东湖落雁景区
3. 东湖风景区概念规划
4. 十里长堤
5. 水生生态

东湖风景名胜区

　　东湖风景名胜区规划以大型自然湖泊为核心,湖光山色为特色,将东湖风景区打造成以旅游观光、休闲度假为主要功能的国家级风景名胜区,提出"城湖共生,水绿交融"的整体空间格局,确定核心景区的主景为水域和山林景观区域,重点是水系生态、文物古迹、山体地貌和植被保护。

　　风景区分为听涛、渔光、白马、落雁、后湖、吹笛、磨山、喻家山八大景区。听涛景区主要发展水上观光、水上运动、文化活动功能;渔光景区主要发展水上休闲、艺术展演、旅游接待功能;白马景区主要发展休闲度假、会议会展功能;落雁景区主要发展田园观光、特色乡村度假功能;后湖景区主要发展湿地公园观光功能;吹笛景区主要发展青少年运动、素质拓展功能;磨山景区主要发展历史文化游览、特色植物观赏功能;喻家山景区主要发展园艺博览功能。

汉正街

汉正街具有500多年历史，位于白云黄鹤的故乡、长江和汉水交汇处，是镶嵌在华中腹地上的一颗璀璨的市场明珠。

汉正街市场东起三民路、民族路，西到硚口路，南临汉口沿河大道，北至中山大道，由汉正街、大夹街、长堤街、宝庆街、三曙街、永宁巷、万安巷等78条街巷组成，占地2.56km²，含有6个街道办事处的行政区划。

汉正街市场内已建成服装、皮具箱包、家用电器、鞋类、陶瓷、布匹、小百货、塑料、工艺品、副食品等10大专业市场，营业面积共计60多万m²，经营商品6万余种，市场从业人员10万余人，客货运输站22个，拥有276条线路，对开500多班次，日均吞吐货物400余吨，个体经营户13200户，市场日均人流量16万人次，旺季可达20万人次。

汉正街小商品市场是中国经济体制改革的产物，是开放搞活的窗口和风向标。汉正街的成功不仅受到全社会的瞩目，而且也引起了国际舆论和外国友人的广泛关注。英、美、法、俄、日、德、荷、古巴、加拿大、罗马尼亚、乌拉圭等十几个国家的外宾先后来市场参观、访问，对汉正街小商品市场的繁荣和发展以及在中国经济体制改革中的地位和作用给予了较高的评价。

1. 都市工业园改造后实景图
2. 都市工业园绿化整治效果
3. 汉正街品牌服饰批发广场

黄鹤楼公园及周边地区

　　黄鹤楼公园作为一个综合性公共空间，规划以黄鹤楼为中心，以突出沿蛇山山脊景观序列、丰富公园景点内容为重点，从景观特色和功能组织两个方面入手，把整个公园一共划分为人文景观区、绿化休闲区以及历史、民俗景区三个主要景区，开辟蛇山南北两侧的登山步道，控制多个望山视廊。

1
2

1. 千古名楼——黄鹤楼
2. 黄鹤楼公园地区规划

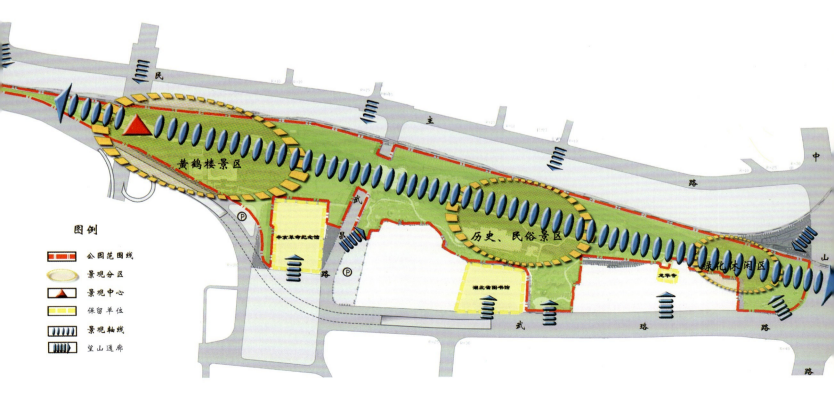

长沙

Changsha

长沙位于湖南省东部偏北,是驰誉中外的历史古城、人文荟萃的文化名城、英才辈出的革命圣城、得天独厚的山水洲城和日新月异的发展新城。

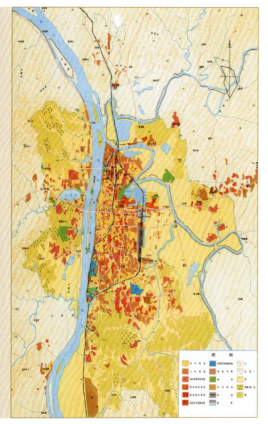

长沙市最早的城市规划始于民国初期,当时曾编制过《长沙市建设规划》,但大多未能实施。新中国成立以后,1950年,长沙市人民政府开始编制《长沙市规划草案》。1979年,长沙在原有城市规划建设实践的基础上,结合实际,组织编制了《长沙市城市总体规划(1980～2000)》,1981年经国务院批准实施。这是长沙市第一个以法定形式确定的总体规划。当时规划人口规模85万,建设用地规模72km^2。1987年,根据社会经济和城市发展的要求对总规进行了修编,形成了《长沙市城市总体规划(1990～2010)》,1993年经国务院批准实施。当时规划人口规模160万,建设用地规模150.1m^2。进入新世纪以来,鉴于城市建设发展以及国家宏观政策形势的变化要求,2000年开始了新一轮城市总体规划修编。2003年,国务院正式批复同意《长沙市城市总体规划(2003～2020)》。这是长沙最新版的城市总体规划,规划都市区域人口规模310万,城市建设用地规模310km^2。

长沙坚持以规划为龙头,有序开展城市规划编制、实施和管理工作,坚持"大长沙、大生态、大网络"的规划思想,科学塑造城市空间形态与实现用地功能布局。与此同时,长沙还提出了历史文化名城保护规划、长沙市城市色彩规划等专项规划,城市建设取得辉煌成果,城市面貌焕然一新。

2007年底,国务院批准长株潭城市群为全国资源节约型和环境友好型社会建设综合配套改革试验区,长沙城市的发展和建设翻开了新的篇章。2008年长沙市全年实现地区生产总值(GDP)3000.98亿元,年末常住总人口658.56万人,人均住房面积28.85m^2,人均公共绿地面积为9.4m^2。

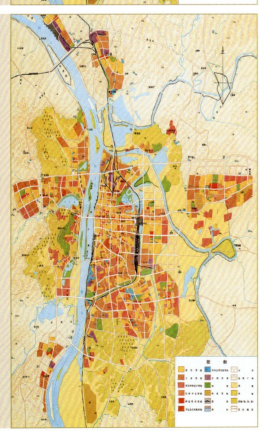

20世纪90年代

20世纪50年代

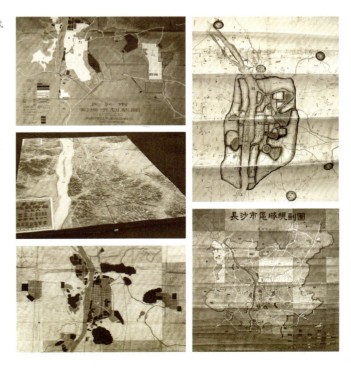

1	3	5	6
2	4		
7			

1. 老五一广场
2. 五一路拓宽前1
3. 五一路拓宽前2
4. 五一路拓宽施工
5. 五一路夜景
6. 五一广场夜景
7. 五一商圈

五一路

　　1950年，长沙市制定长沙市城市建设规划纲要，决定修建一条贯穿城市东西的主干道，西起大西门码头，东到老火车站（即今天的芙蓉广场一带），全长1300多m。到1978年，五一中路开通，把五一东路和五一西路连成一条线，西起橘子洲大桥，东到长沙火车站，全长4.138km。2000年五一路交通绿化改扩建工程竣工，五一路扩宽到60m，成为长沙市的交通干道和形象大道。

　　五一商圈概念的提出源自1995年，它东抵文运街、犁头街，西达三泰街、藩城堤，南起药王街、东牌楼，北至新安巷、紫荆街，形状接近正方形，面积达25hm²。五一广场的商业街是五一广场商业特区的核心部分。如今，日本平和堂、日本SOGO崇光百货、马来西亚百盛、法国家乐福、万代广场购物中心、沃尔玛、友谊名店、新友谊广场(锦绣)、东汉名店、新大新时代广场、天健步行商业广场以一个环状围绕于五一广场四周，以其形象而生动的伫立，描绘了一个真实的"商圈"。

岳麓山风景名胜区

　　岳麓山风景名胜区是国务院审定公布的第四批国家重点风景名胜区。以千年学府岳麓书院为代表的湖湘文化深厚，具有世界文化遗产价值；名人文化、宗教文化悠久丰富；山川灵秀，生态优良，自然环境良好；空间上具有"山—水—洲—城"、城景融合特征；具备国家级风景资源条件。

　　2004年中国城市规划设计研究院编制的岳麓山风景名胜区总体规划，确定岳麓山风景名胜区范围为北起龙王港—咸嘉湖一线，南抵后湖—寨子岭南缘，东至橘子洲以东湘江东岸，西部则延伸至桃花岭北侧山麓，总面积35.20km²。坚持"严格保护、统一管理、合理开发、永续利用"的十六字方针，通过全面评价1994年编制的《岳麓山风景名胜区总体规划》及其实施情况，以风景名胜资源的调查评价为基础，以保护风景名胜资源及其生态环境为前提，从风景名胜区发展条件出发，进行合理规划，将岳麓山风景名胜区建设成为我国独具特色的著名国家重点风景名胜区之一。

1	2	3
	4	

1. 岳麓山风景
2. 岳麓书院爱晚亭
3. 岳麓书院
4. 橘洲景区效果图

橘洲景区

　　橘洲景区为岳麓山国家重点风景名胜区核心景区，位于长沙市区的湘江中央，四面环水，全长约4.7km，洲上最宽处约为220m。湘江一桥横跨湘江，穿越橘子洲。

　　由长沙市规划设计院有限责任公司于2007年编制的岳麓山国家级风景名胜区橘洲景区详细规划，规划范围包括橘洲景区及相关水域，其中景区面积91.64hm²，周边水域面积443hm²，规划总面积534.64hm²。规划的内容以"对橘子洲人文自然生态环境进行重点保护，以唐生智公馆、美孚洋行私人住宅为保护重点"作为支撑。充分发挥和利用橘子洲的自然与历史文化资源优势和特色，建设一个以自然风光为主体，以"生态、文化、旅游、休闲"为主题，生态环境优美，功能布局合理，特色鲜明，基础设施配套完备的生态、文化休闲景区，使橘子洲成为"生态之洲"、"文化之洲"、"生命之洲"。

广州

Guangzhou

广州是一座具有2200多年建城历史的名城,自秦代以来,一直是我国重要的对外通商口岸和古代海上"丝绸之路"的始发港。近代,广州成为中国思想解放运动和资产阶级民主革命的策源地。如今,广州作为我国改革开放的前沿地,社会经济持续快速增长,多项指标位居全国前列。

城市奇迹
MIRACLES OF CITY
CHINA'S URBAN PLANNING AND CONSTRUCTION IN 60 YEARS

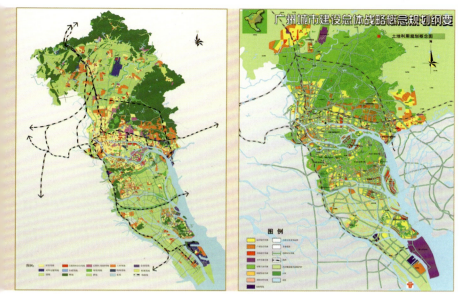

广州市城市总体规划（2001~2010年）市区土地利用规划图

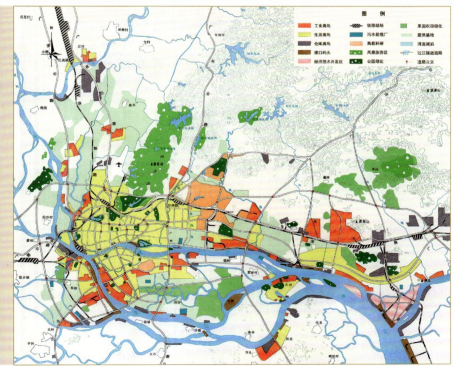

广州市城市总体规划图（第十四方案）

广州市地区生产总值1949年2.98亿元，1978年43.09亿元，2008年8215.82亿元；全市人口1949年247.53万，1978年482.9万，2008年1018万（常住人口）；建成区面积1949年36km²，1978年77.4km²，2008年895km²（10区）；人均住房面积1949年4.5m²，1978年3.8m²，2008年20.46m²；建成区园林绿地面积1978年3736hm²，2008年30577hm²，人均公园绿地面积13.01m²。

1954~1983年间，广州市城市建设方针经历了7次变化，先后提出了14个城市总体规划方案。1984年9月，国务院批准了《广州市城市总体规划（1981~2000年）》（即第十四方案），这是广州市第一个获得国务院批准的城市总体规划。随着改革开放的深入发展，2000年6月，广州在全国率先开展《广州城市建设总体发展战略概念规划纲要》的编制工作。2005年12月，国务院批准了《广州市城市总体规划（2001~2010）》。2006年开始组织编制《广州市城市总体规划（2010~2020）》。

60年来，通过研究城市功能定位、划分功能分区、落实经济社会发展要求、不断强化中心城市的集聚与辐射功能，通过滚动编制城市总体规划与实施计划，加强控制性规划的引导与控制，明确建设重点与时序来统筹城市建设，通过建设宜居社区、完善城市服务职能、发展城市交通、推进城市生态环境建设来改善人居环境，广州已形成以"山、水、城、田、海"自然格局为基础的，沿珠江水系发展的多中心、组团式、网络型城市结构，城市特色不断彰显。

2008年12月，国务院批准了《珠江三角洲地区改革发展规划纲要（2008~2020）》。广州通过强化国家中心城市、综合性门户城市、南方经济中心、世界文化名城的地位，将成为广东宜居城乡的"首善之区"和面向世界、服务全国的国际大都市。

琶洲会展中心

用地面积 203万m²
投资规模 37.86亿元

琶洲会展中心位于海珠区琶洲地区，东邻科韵路，西临华南快速路，南靠新港东路，北衔亲水公园。目前是亚洲最大、世界第二大的会展中心，面积仅次于德国汉诺威展览中心。

规划总用地面积约203万m²，分三期建设。首期总建筑面积37万m²，由日本株式会社、华南理工大学建筑设计研究院设计，广州市建筑集团有限公司施工，工程概算37.86亿元，2002年9月竣工，2003年10月作为第94届广交会副馆。二期总建筑面积36.8万m²，由华南理工大学建筑设计研究院设计，广州市建筑集团有限公司施工，工程概算28亿元，2007年12月竣工。三期总建筑面积约30.72万m²，由广州市城市规划勘测设计研究院设计，广州市建筑集团有限公司、广东省建筑工程有限公司施工，工程概算为23亿元，展馆部分已于2008年9月竣工。2008年10月，第104届广交会会址整体迁至琶洲会展中心。

1. 琶洲会展中心鸟瞰
2. 琶洲会展中心二期
3. 琶洲会展中心总平面图
4. 大学城中心体育场夜景
5. 广州外语外贸大学体育场

大学城

占地面积　17.9km²

　　大学城位于番禺区小谷围岛，面积17.9km²，是广州城市南拓发展轴上的重要节点。

　　大学城采用"政府主导，集约建设"的模式进行规划建设，将10个校区统一规划，集中布置，有效聚集了全省的优质教育资源，形成城市配套和校区设施全方位的共享格局。大学城总体布局呈"轴线发展＋组团放射"结构，轴线上布置综合发展区、信息与体育共享区、文化会展共享区，周边布置10个校区。南部快速干线、京珠高速公路、2条地铁线以及3条过江隧道，实现了大学城便捷的对外交通联系。岛内交通以内环、中环、外环路，以及12条放射路构成开放式的路网结构。

　　2003年5月，大学城正式拉开建设序幕。2004年9月，中山大学等10所高校陆续在大学城开学；2005年8月，大学城一、二期工程，包括10个校区322栋共475.8万m²建筑竣工；2005年12月，广州大学城民俗博物馆一期工程（即练溪村改造工程，现为岭南印象园）竣工，建筑面积3.86万m²；2007年5月，占地26.9万m²的广州大学城中心体育场竣工； 2008年9月，广东科学中心竣工，总建筑面积13.75万m²。至2007年底，岛上的学生已达14.11万人。

1. 住宅组团
2. 沿江景观
3. 广州国际金融中心
4. 中心广场平面图

珠江新城

占地面积	6.48km²
建筑面积	1496万m²

珠江新城位于珠江与城市新中轴线交汇的城市景观中心，东起华南快速干线，西至广州大道，北靠黄埔大道，南临珠江。规划用地面积约6.48km²，规划总建筑面积1496万m²，划分为14个20万～40万m²的街区，分别为商务、行政办公街区、高层居住街区、金融贸易街区、文化活动街区、商业购物街区等，其中办公面积757万m²，住宅面积624万m²，将容纳17～18万居住人口。规划发展成为广州21世纪的中央商务区和城市标志性风貌区。

自2003年1月市政府颁布实施《珠江新城规划检讨》后，珠江新城的建设进入实质性的开发阶段。2005年6月第二少年宫建成投入使用，总建筑面积4.59万m²。2010年亚运会前将完成珠江新城规划建设量的70%～80%，其中，省博物馆（2004年12月动工、总建筑面积6.31万m²）、广州歌剧院（2005年1月动工，总建筑面积4.6万m²）、广州新图书馆（2006年2月动工，总建筑面积9.5万m²）、广州国际金融中心（即西塔，2005年12月动工，高437.5m，总建筑面积45万m²）等珠江新城旗舰建筑将陆续建成。

白云宾馆

占地面积	2.55万m²
建筑面积	5.86万m²
建筑设计	莫伯治　林兆璋

　　白云宾馆南临环市东路，东邻广州友谊商店。楼高121m，33层，占地面积2.55万m²，总建筑面积5.86万m²，为直立盒式框架结构楼房。建筑采用高低层结合的空间处理手法，充分发挥建筑与结构性能的配合。小跨度标准客房集中在高层主楼，门厅、餐厅等公共活动部分，采用大跨度的低层建筑，利用原有地形构成大小不同的室内庭院。联系餐厅与楼梯间的中庭，利用原有的三棵古榕作景点，古榕四周，用人工塑石作护土，通过瀑布、景石、水池，组成了一个丰富而又变化的空间。

　　白云宾馆于1976年6月建成开业，是20世纪70年代的中国第一高楼，同时也是广州的标志性建筑。该建筑由岭南建筑大师莫伯治和林兆璋主持设计，广州市住宅建筑公司承建。

1. 中庭——故乡水景
2. 宾馆休闲区
3. 白天鹅宾馆

白天鹅宾馆

占地面积	11万m²
建筑设计	莫伯治　佘畯南
竣工时间	1983年1月

　　白天鹅宾馆位于沙面西南侧，濒临白鹅潭。由广东省旅游局和香港霍英东先生合资兴建，著名建筑大师莫伯治和佘畯南合作主持设计，广州市第二建筑工程公司施工。该宾馆于1983年1月竣工。

　　宾馆总建筑面积11万m²，主楼34层，高102.75m，采用高低结合、主楼与底座构成整体的建筑形体方法建造，融汇了中西方建筑和园林艺术的特点。客房楼与珠江水道平行，腰鼓形平面。公共部分临江而设，室内有大玻璃棚盖下中庭"故乡水"景色：石山、凉亭、小桥流水、鸟语花香、飞瀑喷泉。临江面长长的玻璃幕墙在顶棚与楼板间形成摄入珠江美景的巨大画屏。

　　1984年白天鹅宾馆的设计和施工获得国家优秀设计金质奖和施工金质奖。

海珠广场全貌

海珠广场位于海珠桥北,是广州最早的城市广场。民国时期曾为居民密集区,1938年被日军飞机夷成平地,1949年国民党军队轰炸海珠桥后成为一片废墟。新中国成立后,1950年12月海珠桥修复通车,1951年建成西广场,1954年建成东广场,广场建成后一直是广州的一个标志性形象。

1957~1959年,围绕广场四周,按规划先后建成华侨大厦、中国出口商品陈列馆和中国出口商品陈列馆新馆等建筑。1959年10月,在广场的北面建成广州解放纪念像,1962年该雕塑以"珠海丹心"名列羊城八景之一,1969雕塑被拆除,1980年重建。1968年,在广场的东北面建成86.7m高的广州宾馆,其建筑高度为当时的全国之冠。

新中国成立后经过多次调整、完善海珠广场地区的改造规划,现已建设成为广州市一个重要的商贸、旅游等多功能的综合区。

1
2
3

1. 海珠广场
2. 20世纪70年代后期广州火车站(流花)
3. 广州东站

广州火车站

广州最早的火车站建于清宣统二年(1910年),原名大沙头站,为广九铁路的始发站。新中国成立后,1960年3月在流花地区解放北路以西地段动工建设广州新客站(广州站),1974年4月建成投入使用。广州站站场总面积12万m²,站前广场4.3万m²,车站大楼总建筑面积2.98万m²。

1987年11月,为配合第六届全运会在广州召开,位于天河体育中心北面的天河火车客运站建成,翌年更名为广州东站,1994年拆除重建,1996年7月竣工,总建筑面积约6万m²。

2005年1月,在番禺区石壁动工兴建广州铁路新客站。站场按15个站台28条股道布置,站区占地77.67万m²,总建筑面积56.56万m²。这里汇聚了4条地铁线、3条城际轨道线、4条高快速路,将成为广东省最大的客运枢纽和全国四大铁路客运中心之一。

白云国际机场

新中国成立以后,广州民航曾先后使用天河机场和白云机场。20世纪60年代白云机场经过大规模扩建后成为全国三大航空枢纽机场之一。

1997年7月,国务院、中央军委正式批准广州白云国际机场迁建项目立项。新机场位于白云区人和镇以北与花都区花东镇以东交界处,一次征地面积1456万m^2,其中场内用地1434万m^2,约为原白云机场的4.6倍。远期规划建设5条跑道,旅客年吞吐量9500万人次,货运年吞吐量390万t,客机位74个,货机位9个。

新机场一期建设规模:2条长7400m的跑道,35万m^2的航站楼。2002年8月,航站楼动工建设,2004年8月5日,新机场正式投产使用,创造了国内大型机场一次成功转场的先例。

2005年3月,二期工程动工,建设项目有53.1万m^2的二号航站楼、14.4万m^2的连廊及指廊、4.3万m^2的货场等。

2008年,广州白云国际机场全年累计飞机起降28万架次,旅客吞吐量3343.55万人次,货邮吞吐量69.6万t。2009年2月,联邦快递亚太转运中心在白云机场建成投产使用。

| 1 |
| 2 |
| 3 |

1. 新白云机场鸟瞰
2. 1931年正式启用的天河机场
3. 新白云国际机场入口

星河湾

建筑面积	130.63万m²
设计单位	星河湾地产规划设计中心
	广州市番禺城市建筑设计院

　　星河湾位于广州市番禺区，华南快速干线番禺大桥南出口，北临三支香水道，西接迎宾大道。

　　星河湾居住区占地面积80万m²。自2000年开始动工建设以来，至今已成功开发了六期，总建筑面积130.63万m²，共6619套住宅。一期建筑面积22.20万m²，2001年12月竣工；二期建筑面积12.20万m²，2003年7月竣工；三期建筑面积42.13万m²，2005年5月竣工；四期建筑面积24.71万m²，2005年12月竣工；五期建筑面积10.95万m²，2008年11月竣工；六期建筑面积18.44万m²，将于2009年12月竣工。

　　星河湾总体布局处处体现"以人为本"的设计理念，在周边环境、园林设施及建筑设计上尽量做到和谐统一，努力营造高质量的居住生活环境。

　　2008年11月，星河湾荣获中国和谐人居领袖名盘。该建设项目由广州宏宇集团投资兴建，星河湾地产规划设计中心和广州市番禺城市建筑设计院负责设计，中国建筑第三工程局有限公司和中国建筑第四工程局有限公司负责施工。

滨江景观

1. 一期建筑组团
2. 沿江木道
3. 小学
4. 四期建筑组团

南宁

Nanning

"半城绿树半城楼"的南宁，被人们誉为"绿城"。

南宁位于广西壮族自治区的南部，地处亚热带，北回归线以南，中心城坐落在南宁盆地的中部，南、北、西面山地围绕，南宁市的母亲河——蜿蜒曲折的邕江由西至东穿城而过。南宁毗邻粤港澳，背靠大西南，是中国西南出海大通道的重要交通枢纽，是中国与东盟合作的重要桥头堡，是每年一度的"中国——东盟博览会"永久举办地。

南宁市域行政辖区土地总面积22112km²，总人口约680万，市域辖6县6城区；2006年底，中心城建成区范围现状城市人口约170万人。2007年末，全市户籍人口683万人，其中市区人口259万人。2007年全市生产总值达到1062.99亿元。

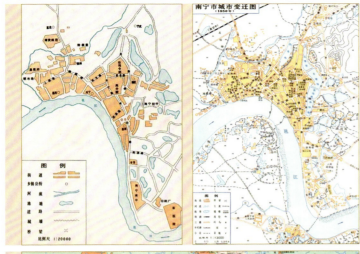

1943
1950

1987

2006

2008

南宁市2003年以前一直是以旧城中心区为单核心向外围拓展，城市规模不断扩大，城市建设用地由1999年的94km²增加到2006年的179km²。

2006年城区居住用地总面积为59.4km²，占城市建设用地的33.7％，人均34.9m²，2006年人均住房使用面积达到24.90m²，2007年人均住房使用面积达到25.3m²。

2005年南宁市建成区园林绿化三项指标分别为：建成区绿化覆盖率31.58％，建成区绿地率26.10％，人均公园绿地面积10.73m²（该数据为"十一五"规划初步统计数据）；2006年南宁市建成区园林绿化三项指标分别为：建成区绿化覆盖率38.21％、绿地率33.19％、人均公园绿地面积9.57m²/人。近期指标至2010年，规划建成区内绿地率、绿化覆盖率分别为37.4％、42.5％，人均公园绿地面积10.4m²/人。远期指标2020年，规划建成区内绿地率、绿化覆盖率分别为38.7％、45.0％，人均公园绿地面积12.0m²/人。

进入21世纪以来，南宁的发展已经翻开了崭新的篇章，2008年《南宁市城市总体规划（2008～2020）》将南宁市定位为中国－东盟自由贸易区的区域性国际城市，为南宁市城市建设描绘了宏伟的蓝图。南宁城市正在努力加强其自治区首府、区域性国际城市、西南出海大通道的综合交通枢纽、广西北部湾经济区中心城市、泛珠三角经济圈西部区域性中心城市的职能，朝着建设开放创新城市、和谐平安城市、生态园林城市、魅力文化城市的方向而前进。

南宁国际会展中心（周少南 摄）

南宁国际会展中心

占地面积 850亩
建筑设计 德国GMP设计公司
广西建筑综合设计研究院

　　南宁国际会展中心占地面积850亩，是中国—东盟博览会永久会址，由德国GMP设计公司和广西建筑综合设计研究院合作设计。主建筑设计独具匠心，构思巧妙，依山就势而建，气势恢弘。

　　南宁国际会展中心由主建筑、会展广场、民歌广场、行政综合楼等组成，其中主建筑总建筑面积为15.21万m^2，由会议、展览和大型宴会厅三部分组成。会议部分包括会议中心、多功能厅、办公场所等，拥有14个大小不同的会议厅（室），有功能齐全的扩声设备、10+1同声传译系统、电视会议系统、公共广播系统、安防系统、计算机网络系统、新闻中心等，能满足各种国内国际会议、商务谈判和学术报告的需要；多功能圆形大厅使用面积3000m^2，能容纳1500人，是举办大型会议、展览、宴会、文化活动等的理想场所。大型宴会厅由能容纳1000人同时就餐的大厅、34个包厢和明档区组成，装饰格调高雅，环境舒适，是举办各种宴会的理想之地。展览部分有两层展厅，共有15个不同规格的展厅（最大展厅8100m^2），展览面积达4.8万多m^2，可容纳3360个国际标准展位和300多个非标准展位。行政综合楼建筑面积1.58万m^2，由办公场所、多功能展厅、展具加工间、仓储等组成，同时配有可容300人的会议厅。主建筑展厅加上可搭建110个展位的多功能厅、可搭建203个展位的行政综合楼多功能展厅和集会广场，展览面积达8万多m^2。

竹溪立交桥风貌（黄大年 摄）

1	
2	3

1. 绿色南宁（黄大年 摄）
2. 五彩CBD（隆国宁 摄）
3. 景色迷人的滨湖广场（谢以平 摄）

1	
2	

1. 南湖喷泉（凌舒怀 摄）
2. 幽静的湖畔（邓永坚 摄）

南湖公园

占地面积　192.2hm^2

　　南湖公园位于南宁市东南部琅东开发区，其前身为南湖苗圃和南湖渔场。1973年正式成立南湖公园，公园总面积192.2hm^2，其中，陆地面积85.2hm^2，水体面积107hm^2。

　　南湖公园是一座以观赏园林植物为主的具有广西民族特色和亚热带风光特色的综合性公园，2002年10月1日开始免票开放，每年接待游客量在500万人次以上。主要景点有兰花盆景园，韦拔群、李明瑞烈士陈列馆，游乐园，名树博览园，九拱桥等。园内湖光水色，风光秀丽，景物宜人，环境优雅；湖面宽阔，碧波荡漾；陆地花木交融，四季飘香，绿草如茵，一派迷人的亚热带风光，是游览观光、休闲娱乐的好地方，也是重大节日举行游园文化活动的重要场所，吸引着大批中外来宾参观游览。

海口
Haikou

　　海口起源于汉代，开埠于宋末元初。从汉代起，海口地属广西；明代，公元1370年，海口划归广东。唐代公元627年，海口始隶属于琼山县。1926年12月，海口从琼山县划出，独立建市。1950年4月23日，海口市解放。1956年，国务院将海口市划为广东省的地级直辖市。1988年4月13日，第七届全国人民代表大会通过关于设立海南省、建立海南经济特区的决议，海南建省，海口市成为海南省省会，全省政治、经济、科技、文化中心，交通邮电枢纽。2002年10月，国务院批复同意海口市行政区划调整。新海口市土地面积由原来的236.4km²扩大到2304.8km²；人口由80万人增加到160多万人。行政区划调整使海口城市发展空间更加广阔，资源配置更加合理，经济基础更加坚实。到2008年底，海口市地区生产总值（GDP）达到443.18亿元，年末常住人口达到183.5万人。

海口市采用带状组团式的城市空间布局模式，组团与组团之间由绿化带进行分隔，有污染的工业区远离城市生活区，主要的海岸线以布置娱乐、旅游和休闲项目为主，以建设全国热带滨海度假休闲胜地和最精最美且宜居的省会城市为目标，致力于将海口打造成为"阳光海口、娱乐之都、品位之城"，推进经济社会的全面、快速、健康、协调发展，先后跨入全国城市环境综合整治优秀城市、十佳城市、国家环境保护模范城市、全国卫生城市、中国优秀旅游城市、国家园林城市、全国社会治安综合治理优秀单位、全国创建文明城市工作先进市等行列，荣获"中国人居环境奖"。

根据海口城市总体规划，海口市城市性质为海南省省会，热带海岛生态旅游度假胜地和宜居城市，国家海岛及南海海洋研发和综合产业开发基地，国家历史文化名城。

规划期内城市发展总目标为：把海口建设成为海南省经济实力最强，服务设施最优的中心城市，较高国际知名度的热带海岛旅游度假胜地，具有优良生态环境的健康宜居城市和浓郁地域文化特色的历史文化名城。

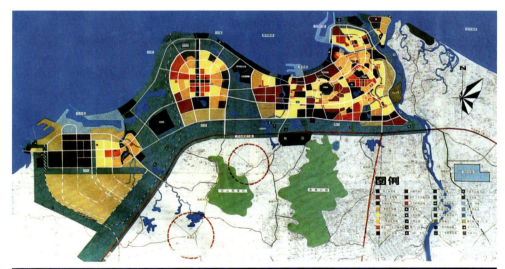

1. 1924年城墙拆除后街道图
2. 清代海口所城及街道图
3. 明洪武海口所城图
4. 海口市总体规划（1988～2005年）
5. 海口市城市总体规划（2006～2020年）

1. 绿色椰城
2. 万绿园内林荫道
3. 万绿园内景观

万绿园

总面积 72.488万hm²

海口市万绿园位于滨海大道北侧，毗邻海口金贸区，总面积（含内湖水面）72.488hm²，是一座具有热带风光、海滨特色的开放性城市综合公园。万绿园始建于1994年11月，1996年1月3日正式开放。万绿园现有各类乔灌木32科89种约12600株，园内建有供党和国家领导人及外国友人种植纪念树的"留芳园"，有精致的"腾飞园"、壮观的观赏草坪、广阔的疏林游憩草坪、"风筝广场"、"市民林"等景点。时至今日，万绿园已成为海口市民健身休闲的佳处、省内外各界游人游览休憩的胜地、一颗璀灿的"椰城明珠"。

人民公园

占地面积 26.2hm²

　　海口人民公园位于市中心，始建于1951年，总用地面积26.2hm²，其中水面积8hm²，属台形丘陵地。公园内现有音乐喷泉、班帅庙、湖心桥、百米文化长廊、冯白驹纪念亭、烈士纪念碑、大型音乐喷泉广场、古树名木、叠水瀑布、平湖秋月、热带风情浮雕墙、六福广场、伏波祠遗址、关圣帝庙等景点。园内实有绿化面积258亩，绿树成荫，花木繁茂，现有热带、亚热带植物167科1000余种，绿地面积占公园陆地面积的87.2%。公园正门前有东湖和西湖，湖面银粼闪耀，与公园的葱翠相映成趣，湖光山色，椰影婆娑，泛舟点点，令人心旷神怡，现已成为一个风景优美、设施齐全、民众喜爱的大型休闲综合公园。

1. 人民公园标志
2. 人民公园鸟瞰

美舍河带状公园

规划面积　　50hm²

　　美舍河带状公园北起长堤路,南至凤翔公园,全长8.9km,规划总面积约50hm²。其中控制范围之内绿化宽窄不一,最宽处约100m,最窄处约10m。美舍河贯穿海口市城区,带状公园设计以美化河道环境、为市民提供日常休闲为宗旨,绿化风格朴实自然、平易近人。

　　美舍河带状公园在滨河绿地较宽、人流量较大处设景观节点。公园内景区主要有迎宾广场区、儿童娱乐区、健身休憩广场区、文化广场娱乐区、安静休闲区等。公园内园路全程贯通,绿荫不断,具可达性和连续性。植物配置以阔叶乔木为主,棕榈科植物、灌木、地被等形成乔灌草结合、层次丰富的绿化景观。

1. 美舍河畔
2. 美舍河绿化
3. 美舍河滨河风貌

火山口公园

占地面积　108km²

火山口公园位于海口市秀英区，离海口闹市区约20km，邻近琼州海峡，属地堑—裂谷型基性火山活动地质遗迹，面积约108km²。2005年11月，海口石山火山群与广东湛江湖光岩整合一体，于2006年9月18日被联合国教科文组织评为世界级地质公园。公园内及附近有距今2.7万年至100万年间火山爆发所形成的死火山口群。其中最大的火山口海拔222.2m，深90m，是世界上最完整的死火山口之一，其因形似马鞍，又名马鞍岭，是琼北地区至高点。公园地下有火山岩洞群，是火山喷发的产物，被地质专家誉为颇具规模的火山岩洞博物馆。其中仙人、卧龙二洞最为壮观，仙人洞距马鞍岭火山口4km，洞口玄武岩上有"石室仙踪"石刻引人注目，该洞中有洞，人们在20世纪50年代清理洞中泥沙时，发现类似斧凿的磨光石器，可能曾经是人类祖先穴居的遗址。卧龙洞距仙人洞不到1km，洞长3km，高7m，宽10m，可容万人。

1. 金牛岭环湖秀色
2. 金牛岭公园标志巨牛雕塑
3. 金牛岭公园水榭

金牛岭公园

占地面积　102hm²

　　金牛岭公园占地102hm²，其中水面面积约22hm²，1996年月1月建成开放。公园内有金牛湖、综合性动物园、白鸽园、竹园、槟榔园、棕榈园、热带亚热带果园、花卉园、烈士陵园、健身广场等景点景区。公园北大门设有金光闪耀的巨牛雕塑，为公园标志性景观。公园绿化覆盖率高达96％，各类植物有143科近1000种，受国家级或省级保护的稀有、濒危植物10余种，有坡垒、绛香黄檀、青皮、油丹、蝴蝶树、云南石梓等；海南特有植物近10种，有海南木莲、海南暗罗、海南檀等；药用植物多达200多种，有两面针、黄牛木、何首乌等，是生物多样性保护的重要基地。1999年，公园被授予"海南省青少年科技教育基地"、"海口市青少年科普教育示范基地"。2004年，被市政府定为"未成年人道德教育"基地。

成都

Chengdu

成都位于四川省中部、四川盆地西部,是中国历史文化名城,是国务院确定的西南地区科技、商贸、金融中心和交通、通信枢纽,全国统筹城乡综合配套改革试验区。现辖9区4市6县,面积1.24万km^2,人口1112万。2007年,成都市实现国内生产总值3324亿元,经济总量列全国15个副省级城市第六位,中西部省会城市首位,财政总收入996亿元。

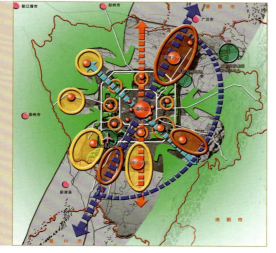

成都是一座有2300多年悠久历史的古城，是国务院首批公布的24个历史文化名城之一。就成都的城市发展阶段来看，基本经历了点状形成、轴向扩展、伸展轴稳定、内向填充、再次轴向伸展五个过程。在扩展程度上表现出周期性规律，在扩展方向上表现出轴向规律，在空间形态上表现出单中心同心圆式的均衡结构。

据考证，成都的建设始于周朝末年，古蜀国王开明王朝由华阳迁都于此，也就有了"一年成邑，两年成集，三年成都"之说。秦灭古蜀，仿咸阳建制于成都东筑大城，"大城周回十二里"，形成了日后的成都雏形。唐代形成两江抱城的城市格局，成都成为工商繁茂的大都会，有"扬（州）一益（成都）二"之称。抗日战争时期，成都一度成为战时的国家后方基地。新中国成立至20世纪60年代的城市规划奠定了成都现代城市格局。90年代后，成都"都市化"的空间演变特征明显。

最新一次的城市总体规划确定成都市域幅员面积为12390km^2，分为中心城区（面积597km^2，规划建设用地400km^2）、都市区（规划建设用地673.09km^2）、城市规划区（总面积为3681km^2）、郊区四个层次（总面积为8709km^2）。城市发展战略包括区域一体化战略、城乡一体化战略、重点发展战略、产业集中战略；确定城市性质为四川省省会，西南地区科技、金融、商贸中心和交通、通信枢纽，中国西部主要中心城市、新型工业基地，国家历史文化名城和旅游中心城市。

成都先后获得全国城市环境综合整治"优秀城市"、"国家环境保护模范城市"、"国家园林城市"、"水环境治理优秀范例城市"、"全国文明城市"等称号。

大熊猫繁育研究基地

　　成都大熊猫繁育研究基地位于四川省成都市外北熊猫大道1375号，是成都市政府于1987年在建设部、林业总局和四川省政府等上级部门支持下，以6只从野外抢救的病饿熊猫为基础建立的大熊猫移地保护研究机构。

　　工程建设分三期完成。一二期工程占地约560亩，累计投资近亿元，于1998年完成；三期间工程面积扩大到1000余亩，由成都市政府投资约3亿，于2004～2008年完成。建立二十多年来，该基地坚持开创和实践科学保护大熊猫道路，先后取得60多项国家、省和市级科技成果，同时发展建立了以国家博士后科研工作站和科技部省部共建国家重点实验室为核心的科研平台。以科技成果为支撑，截至2009年已成功繁育大熊猫85胎124只，成活88只，现有83只，建立了世界最大的大熊猫移地保护种群。基地率先开展以保护教育为主题的科普教育，成为全国科普教育基地和青少年科技教育基地，单年接待国内外游客已超过60万人次。先后荣获联合国环境规划署颁发的"全球500佳"、国家AAAA级旅游景区等荣誉，被国内外公众誉为"中国魅力，熊猫摇篮"，是国际游客最喜爱的中国旅游目的地之一。

	2
1	3
	4

1. 重点实验室培育基地
2. 2008年繁殖的熊猫宝宝
3. 熊猫基地全景
4. 在基地生活的熊猫

浣花溪公园

项目区位	北抵青华路，东接浣花南路，南至干河，西邻二环路
设计单位	中国建筑西南设计研究院
施工单位	四川利达建设工程公司　成都市第一建筑工程公司
	成都建工装饰工程有限公司　四川华西建筑装饰有限公司
	成都市倍特新时代装饰工程公司
项目规模	444.8亩
项目造价	9000万元
竣工日期	2003年4月

　　浣花溪公园位于浣花溪历史文化风景区的核心区域，是成都市二环路以内迄今为止最大的开放性城市森林公园，是成都市首家五星级公园，由四川锦江旅游饭店管理公司实施专业物业管理。

　　全园分为三大主题园区：万树山、沧浪湖和白鹭洲。园区景观主要包括：一座人造山，一个人工湖，一处城市湿地景观和"中国诗歌文化中心"等七个主题景点。

　　浣花溪公园将自然景观和城市景观、古典园林和现代建筑艺术、民俗空间和时代氛围有机融合起来，以自然、雅致的景观和建筑凸现出川西浓厚的历史文化底蕴，注重对自然生态的追求，突出蜀文化特色，并建有完善的服务系统，体现了人性化的设计。

1. 溪桥人家
2. 野渡横舟
3. 花溪观鱼
4. 川西文化观演广场

易园博物馆

占地面积　　约180亩
投资规模　　约4亿元人民币
规划设计　　四川易园风景园林规划设计研究院有限责任公司
建筑施工　　四川易园园林集团有限公司

　　"易园"地处成都市金牛区金牛乡金牛村金牛大道金泉路8号金牛坝，是以若干个庭院、流溪、湖泊、馆、堂、轩、榭组成的中国私家园林。园林之外，还有书画艺术馆、园林艺术陈列馆（包括古家具、古石刻等）、盆景博物馆。

　　易园的名字源于中国儒家众经之首的《周易》。它承袭了优秀的中国园林传统，将极富时代性的人居生态居住环境理念，以其婉转的构思、高妙的技艺，构成当代中国庭院式的人居环境。庭园融合了北方园林之大气、江南园林之文气、西南园林之秀气和川西园林之仙气，为当代中国新型园林走向世界、为人类回归自然开创了一条新思路。

　　1998年"易园园林艺术博物馆"首期建成对外开放，成为中国"首家私立园林艺术博物馆"、被文化界权威认同的"昔日成都之微观"和"成都文化宿影之最"。目前年接待游客100万人次，已成为成都最具代表的文化休闲旅游区，并将成为成都市首个AAAA级景区文化休闲旅游区。

1	
2	3

1. 化园全景
2. 轩外轩
3. 丰水塔

活水公园

占地面积	2.8万m²
投资规模	1200万元
规划设计	成都市风景园林设计院
	四川省环境保护科学研究院
	四川省自然资源研究所
建筑施工	四川省建三公司　成都市园林建设处　成都市建四公司
	华姿建筑装饰公司邓乐雕塑工作室

　　活水公园是世界上首座以水保护为主题的城市生态环境公园，由美国"水的保护者（Keepers of The waters）"组织的创始人贝西·达蒙（Betsy Damon）女士创意，美国的玛吉女士、韩国的崔在希女士参加了总体方案设计。

　　公园位于成都市一环路内，锦江府河畔，1997年春破土动工，1998年落成。以表现水为主题，取鱼形剖面图融入公园的总体造型，喻示人类、水与自然的依存关系。其主要部分由"人工湿地生物净水系统"、"模拟自然森林群落"和"环境教育馆"构成，集水环境、水净化、水教育于一体。活水公园在植物的配置、景观的处理、造园材料的选择上，妙趣天成，通过具有地方性景观特色的净水处理中心，川西自然植物群落的模拟重建，以及地方特色的园林景观建筑设计，组成全园整体，对环境的主题进行了多方位的诠释。

　　活水公园由于在生态、美学、文化、教育功能上的完美结合而荣获1998年国际水岸中心"优秀水岸奖最高奖"、国际环境设计协会（EDRA）和美国《地域》（PLACES）杂志联合评定的"国际环境设计奖"，以及"全国母亲河教育基地"、"四川省环境保护教育基地"、2010上海世博会城市最佳实践区参展案例等荣誉称号。

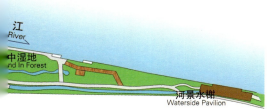

总体介绍牌图

1. 模拟自然森林群落
2. 人工湿地塘床系统
3. 水流雕塑
4. 活水公园全景

宽窄巷子历史文化保护区

占地面积　479亩

　　宽窄巷子位于成都市中心区，距天府广场约1000m。北以泡桐树街为界，南以金河路为界，东以长顺上街东段金河路口为界，西以下同仁路以西100m为界。

　　宽窄巷子历史文化片区，由宽巷子、窄巷子和井巷子三条平行排列的老式街道及其之间的四合院落群组成。规划控制面积479亩，其中核心保护区108亩，地上面积35127.93m^2，地下面积11000m^2。工程历时4年，总投入5.8亿余元，于2008年6月14日对公众开放。改造形成的45个完整院落式建筑，是成都市三大历史文化保护区之一，成为了老成都"千年少城"城市格局和百年原真建筑格局的最后遗存，也是北方的胡同文化和建筑风格在南方的"孤本"。

　　按照"修旧如故、保护为主"的原则，宽窄巷子项目在保护老成都原真建筑风貌的基础上，将形成以旅游、休闲为主、具有鲜明地域特色和浓郁巴蜀文化氛围的复合型文化商业街区，并最终将宽窄巷子历史文化片区打造成具有"老成都底片，新都市客厅"内涵的"老成都原真生活体验区"。

1. 画卷（宽巷子壹号）
2. 宽窄巷子总平面图
3. 窄巷子
4. 宽巷子
5. 巷内一景

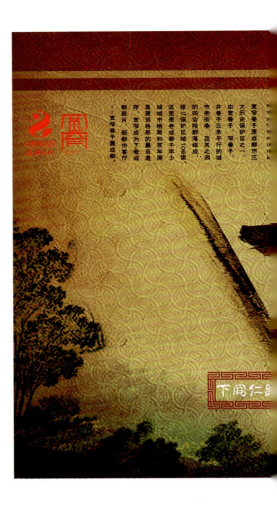

1. 休闲游园
2. 沙河公园

沙河公园

　　沙河北起成都市北郊洞子口，沿金牛、成华、锦江三城区逶迤而下，在市区东南河心村归流府河，全长22.22km。它吸纳了成都东北区域20余条支流，与府河、南河共同哺育着蓉城儿女。

　　沙河为自然河流，古称升仙水，距今已有1500多年的历史，元明时期，升仙水城东下游已有"沙河之称"。沙河公园于2001年11月开工，2004年12月竣工，工程总投资36.24亿元。整治规划区为10.39km^2，其中工程整治范围面积4.63km^2，整治长度为沙河干流22.22km。

　　沙河整治工程重点突出生态性、亲水性、可持续性和人与自然的和谐统一。沿河规划水带和绿地系统，建设了"北湖凝翠"、"新绿水碾"、"三洞古桥"、"科技秀苑"、"麻石烟云"、"沙河客家"、"塔山春晓"和"东篱翠湖"八大景点，修建城市道路和护岸防洪道路43km，新建、重建桥梁16座，新建、重建水闸（坝）9座，修建景点建筑26座，埋设各类管线35万m，修建园区道路25.5万m^2，修建边坡河堤5万m，总体绿化面积345hm^2。目前，尚有部分工程处于在建或待建中。

　　沙河公园的竣工，使沙河沿线污水得到治理，人居环境得到改善，加快了成都市向东向南发展和东郊工业区结构调整的步伐，对成都经济可持续发展、人与自然的和谐统一作出了应有的贡献。2004年底，荣获国家建设部颁发的"人居环境范例奖"；2005年4月，荣获"建设成都杰出贡献奖"；2006年9月，荣获"澳大利亚国际舍斯河流奖"。

拉萨
Lhasa

拉萨地处喜马拉雅山脉北侧、雅鲁藏布江支流拉萨河中游河谷平原，平均海拔3650m，全年多晴朗天气，降雨稀少，冬无严寒，夏无酷暑，属高原季风半干旱气候，全年日照3000h以上，素有"日光城"之称。

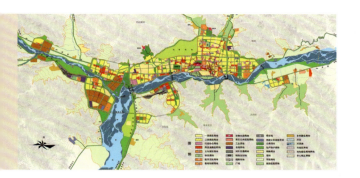

1	1. 拉萨市中心城区总体规划图
2	2. 西藏博物馆
3	3. 拉萨城市立体交通
4	4. 拉萨水上公园
5	5. 拉萨街旁小公园

拉萨市是西藏政治、经济、文化中心和交通、通信枢纽，是国务院首批公布的24座历史文化名城之一，全国优秀旅游城市。位于城市中心的布达拉宫、大昭寺、罗布林卡被联合国教科文组织列入世界文化历史遗产名录。随着我国与周边邻国友好关系日益发展，在对外经济、技术合作和文化交流等方面，拉萨已逐渐成为沟通我国腹地与南亚次大陆的重要通道。

拉萨市于1960年设市，现辖堆龙德庆、曲水、尼木、当雄、达孜、墨竹工卡、林周、城关区等7县1区和拉萨国家级经济技术开发区，64个乡（镇、办事处），269个村委会。行政区域东西跨距277km、南北跨距202km，总面积约2.96万km²，城市建设用地面积60多km²，市域总人口约60万，其中户籍人口约46万多人，外来人口约14万人；城镇人口约34万人，农牧区人口约26万人。有藏、汉、回等30多个民族，藏族人口占89%。

拉萨的历史可以追溯到1300多年前。公元7世纪以前，这里叫卧马塘，是苏毗部落管辖的放牧场。公元633年，松赞干布统一西藏，将政治中心从现在西藏自治区山南地区转移到拉萨，建立了西藏历史上第一个大一统的奴隶制政权——吐蕃王朝。当时人们以"惹萨"作为这一城市的名称，后来随着佛教的传入和兴盛，前来朝佛的人日益增加，围绕大昭寺逐步建设了一批公共服务、居住和商业建筑，形成了一条环形的八廓街。由于藏族人民把这座城市视为"圣城"，于是"拉萨"（意为圣城或佛地）之名取代了原来的名称。解放后，作为自治区首府，党和政府高度重视城市的发展，随着川藏公路、青藏公路、拉萨大桥、学校、医院等一大批基础设施的建设，城市规模不断增大。尤其是改革开放、西部大开发战略实施及中央西藏工作座谈会之后，在中央关心西藏、全国支援西藏的大好形势下，完成了自治区体育场、布达拉宫广场改扩建等一大批援藏项目，城市面貌发生巨大变化，城市规模进一步扩大。

拉萨城市总体规划从1961年着手编制，到1962年提出了初步方案，并先后于1972年和1975年进行了两次调整。虽然这个规划初步方案对拉萨城市建设起到了一定的指导作用，但还不能称之为一部真正的城市总体规划。直到1983年国务院正式批准《拉萨城市总体规划（1980～2000年）》开始，拉萨历史上才有了真正意义上的第一部城市总体规划；1993年初，拉萨市委、市政府依靠自己的力量，组织原拉萨市规划管理局10多名业务人员，进行了第一次城市总体规划修编工作，于1999年经国务院批准实施了《拉萨市城市总体规划（1995～2015年）》；2007年，在江苏省的无私援助下开展了新一轮城市总体规划修编工作，并于2009年3月12日经国务院批准实施了《拉萨市城市总体规划（2009～2020年）》；拉萨城市建设管理从人治逐渐转向科学规划管理的轨道，城市建设从自然无序逐步转向科学规划，城市规划建设管理形态发生了翻天覆地的变化。到目前为止，无论是60年代、70年代的初步方案，还是83年版、95年版城市总体规划，都在拉萨的城市发展中发挥了巨大的指导作用，都尽到了历史赋予它们的责任。新一轮城市总体规划正在大张旗鼓的实施中，在新一轮城市总体规划的科学引导下，明天的拉萨一定能够建设成为景观独特、风光大美的特色拉萨，底蕴深厚、人文荟萃的人文拉萨，山青水碧、天蓝城靓的生态拉萨，人民幸福、社会和谐的现代拉萨。

1. 西藏拉萨大昭寺1
2. 西藏拉萨大昭寺2
3. 西藏拉萨大昭寺3

布达拉宫

布达拉宫屹立在西藏首府拉萨市区西北的红山上，高110m，海拔3750m以上，是一座规模宏大的宫堡式建筑群。整座建筑占地10万多m^2，是藏族古代建筑艺术的精华，是西藏的艺术宝库，同时也是拉萨的重要标志。1961年，布达拉宫被中华人民共和国国务院公布为第一批全国重点文物保护单位之一。1994年，布达拉宫被列为世界文化遗产。

1. 西藏拉萨布达拉宫1
2. 西藏拉萨布达拉宫2
3. 西藏拉萨布达拉宫3
4. 西藏拉萨布达拉宫4

大昭寺

　　大昭寺位于拉萨老城区的中心位置，是西藏重大佛事活动的中心，许多重大的政治、宗教活动，如"金瓶掣签"等都在这里进行。

　　大昭寺始建于公元647年，是藏王松赞干布为纪念文成公主入藏而建，后经历代修缮增建，形成庞大的建筑群。寺建筑面积达25100余m^2，有20多个殿堂。主殿高4层，镏金铜瓦顶，辉煌壮观，具有唐代建筑风格，也吸取了尼泊尔和印度建筑艺术特色。大殿正中供奉文成公主从长安带来的释迦牟尼12岁时等身镀金铜像。两侧配殿供奉松赞干布、文成公主、尼泊尔尺尊公主等塑像。

　　大昭寺殿高4层，整个建筑金顶、斗拱为典型的汉族风格。碉楼、雕梁则是西藏样式，主殿二、三层檐下排列成行的103个木雕伏兽和人面狮身，又呈现尼泊尔和印度的风格特点。寺内有长近千米的藏式壁画（文成公主进藏图）和《大昭寺修建图》，还有两幅明代刺绣的护法神唐卡，这是藏传佛教格鲁派供奉的密宗之佛中的两尊，为难得的艺术珍品。

罗布林卡

罗布林卡位于拉萨市西郊，始建于18世纪40年代达赖七世时，后经历代扩建并成为达赖喇嘛的夏宫。每年藏历4月至9月，达赖在这里处理政事，举行庆典。

全园占地约36万m²，分为宫区、宫前区、森林区3个部分。森林面积约占全园的一半，是西藏最富特色的园林。宫内主要建筑有金色颇章（"颇章"藏语意为"宫殿"）、讲经院以及1954年新建的达旦米久颇章（俗称新宫）等。

1. 西藏拉萨罗布林卡1
2. 西藏拉萨罗布林卡2

1. 西藏拉萨火车站1
2. 青藏铁路1
3. 青藏铁路2
4. 西藏拉萨火车站2

拉萨火车站

　　2006年7月，青藏铁路全线通车。这是世界上海拔最高的高原铁路——铁路穿越海拔4000m以上地段达960km，最高点为海拔5072m，也是世界最长的高原铁路——青藏铁路格尔木至拉萨段，穿越戈壁荒漠、沼泽湿地和雪山草原，全线总里程达1142km。铁路穿越多年连续冻土里程达550km，经过世界海拔最高的铁路车站——海拔5068m的唐古拉山车站以及世界海拔最高的冻土隧道——海拔4905m的风火山隧道。开通运行后的青藏铁路冻土地段时速达100km，非冻土地段达120km，这是目前火车在世界高原冻土铁路上的最高时速。

　　拉萨火车站是青藏铁路线上最大的车站，也是青藏铁路的标志性工程之一。车站位于拉萨市堆龙德庆县柳梧乡境内，与布达拉宫隔河相望。拉萨火车站主站房矗立在广场南侧，依山而立。整个车站内外装修大量采用白、红、黄三种藏式建筑装饰风格。车站设计为两层斜体建筑，主站房长340m，宽60m，高22.9m，总建筑面积约23600m²。车站主体内部分为三层：地下一层，地上二层，设有四个候车室，其中一个软席候车室。后勤服务区设于主站房东西两侧，主体结构呈斜体，站房以布达拉宫式建筑风格，坐南朝北，中间设有窄窗，屋顶建有架空的穹顶跨度，在目前中国大陆铁路车站中是最大的。拉萨火车站共有6个站台，其中两个是备用站台。同时进出10趟列车，每天旅客吞吐量可达2700人。

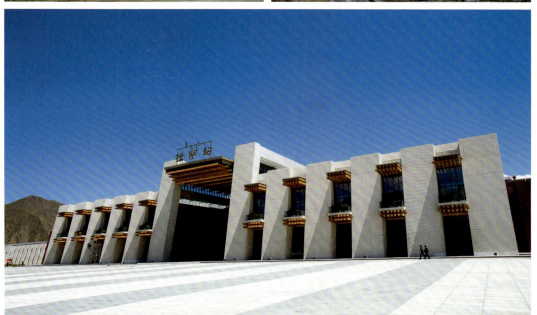

西安
Xi'an

　　西安有着3000多年的建城史及1100多年的建都史,以汉、唐长安最为恢弘鼎盛,然而自唐以后逐渐衰落。新中国成立以后,西安重新崛起为中国西部的中心城市,60年的流金岁月,就像是一串流动的画面,通过一个又一个翔实的数据对比,可以回放出这座城市60年的美丽蜕变。

　　1949~2008年,全市生产总值从1.89亿元增加到2190.04亿元,60年间生产总值翻了10番,年均增速10.3%。尤其是改革开放的30年来,西安经济总量以年均12.3%的速度增长,2008年增速达到15.6%,创近15年来新高。60年来经济总量连上四大台阶:1985年生产总值上50亿元,1989年超100亿元,2004年过千亿,2008年突破2000亿大关。据可查数据显示,全社会固定资产投资,1950年为0.04亿元,2008年达到1906.19亿元,比1950年翻了近16番,比1978年翻了9番。

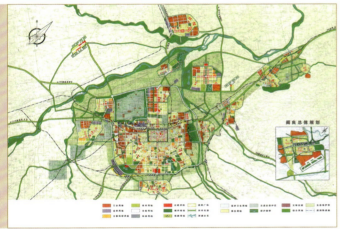

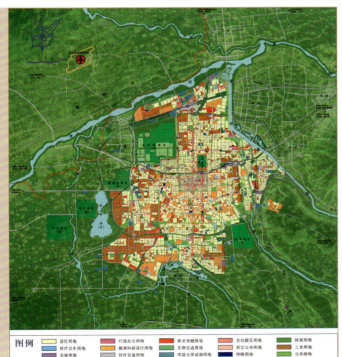

从1952年开始，西安先后进行了四次城市总体规划，这四次总体规划贯穿了"规划显示唐长安城的宏大规模，保持明清西安的严整格局，保护周秦汉唐的伟大遗址的古城保护原则"。同时将重点放在开辟新的功能区、发展高新技术产业、完善城市基础设施、改善城市环境上。尤其第四轮城市总体规划，根据西安的城市历史、区域环境、国家发展战略和历史文化名城保护要求，凸显出了"公共政策，协调统筹；有效配置，合理规划；九宫格局，虚实相当；新旧分治，保护老城；传承历史，突出特色；人文生态，区域协调；科学编制，持续发展"等七个方面的特点，以及"城乡发展一体化、城市特色更加鲜明、资源配置科学合理、配套设施安全高效、人居环境舒适宜人"等五大亮点。结合西安实际及其作为"陕西省省会，国家重要的科研、教育和工业基地，我国西部地区重要的中心城市，国家历史文化名城，并将逐步建设成为具有历史文化特色的现代城市"的城市性质，科学界定西安市主城区2020年建设用地为490km²，人口规模控制在528.4万人左右。制定了优势产业规划、商贸体系规划、综合交通规划等29项专项规划，深入破解制约西安城市发展的各项难题。对强化城市功能、统筹城市建设、改善人居环境发挥了不可替代的作用。

在历次总体规划的指导下，西安的城市面貌发生了翻天覆地的变化，综合实力不断增强，城市功能加速提升，社会事业全面进步，经济、政治、文化、社会各个领域取得巨大成就。

新中国成立初期西安建成区面积仅仅只有14km²，局限在城墙圈内。而如今，建成区已经扩大到了369km²，建成区面积60年扩大26倍。城市空间布局逐步优化，从原来的东郊纺织城、南郊电子城、西郊电工城、北郊仓储区，转变为"九宫格局，棋盘路网，轴线突出，一城多心"的布局特色，以二环内区域为核心发展成商贸旅游服务区；东部依托现状发展成工业区；东南部结合曲江新城和杜陵保护区发展成旅游度假区；南部为教科研区；西南部拓展成高新技术产业区；西部发展成居住和无污染产业的综合新区；西北部为汉长安城遗址保护区；北部形成装备制造业区；东北部结合浐、灞河道整治建设成居住、旅游生态区。

1	1. 20世纪50年代西安市总体规划图
2	2. 20世纪80年代西安市总体规划图
3	3. 20世纪90年代西安市城市总体规划远景规划图
4	4. 2008~2020年主城区用地规划图

秦始皇兵马俑博物馆

　　秦始皇兵马俑博物馆是中国遗址性博物馆。建在秦始皇帝陵的兵马俑坑遗址上。位于陕西省临潼县东7.5km的骊山北麓，西距西安37.5km。

　　遗址博物馆1975年筹建，在一号坑上建起拱形展览大厅，于1979年10月1日落成开放。三号坑展览大厅于1987年5月兴建，1989年9月27日落成开放。

　　该馆现占地约19万m²。其中一号兵马俑展厅面积1.4万多m²，三号兵马俑展厅面积1200多m²，铜车马展厅600多m²，辅助陈列室600多m²。

秦始皇像

1		
2	3	4
5		

1. 秦始皇兵马俑坑
2. 铜车马
3. 跪射俑
4. 立射俑
5. 兵马俑

环城公园系列

西安环城公园

　　西安城墙建于明洪武七年到十一年（1374～1378年），至今已有600多年历史，以公元6世纪时隋唐皇城墙为基础扩展形成，是我国现存最完整的一座古代城垣建筑。城墙位于西安市中心区，呈长方形，总长13.912km。主要城门有四座：东长乐门、西安定门、南永宁门、北安远门，每个城门都由箭楼和城楼组成。

　　西安明城墙遗址公园建设以保护城墙为前提，延续历史肌理，展现城市遗存，规划将环城公园建设成为"古朴、自然、人文"即融历史特色、旅游休闲、文化娱乐、健身运动、绿色生态功能为一体的生态型、开放型的综合公园。公园以改造现状、提升品质、完善设施为目的，在保护文物的基础上发展游憩，保护和恢复通视走廊，促进景象认知，改进绿化种植，体现植物种植的地方性，促进生态建设，改善服务和游憩设施，合理组织游憩空间，使得景观与城墙、护城河达到协调统一，又渗入了浓郁的历史文化内容，突出了城市特征。

大唐芙蓉园

　　大唐芙蓉园位于古都西安东南方，大雁塔南侧，曲江新区内。占地1000亩，其中水面300亩，总投资13亿元。建筑规划设计由中国工程院院士张锦秋大师担纲设计，园林景观设计由日本国宝级景观大师、日本TAM地域环境研究所董事长秋山宽先生担纲设计。2005年5月竣工。

　　大唐芙蓉园是西北地区最大的文化主题公园，建于原唐代芙蓉园遗址以北，是中国第一个全方位展示盛唐风貌的大型皇家园林式文化主题公园。大唐芙蓉园创下多项纪录，有全球最大的水景表演，是首个"五感"（即视觉、听觉、嗅觉、触觉、味觉）主题公园；拥有全球最大户外香化工程；是全国最大的仿唐皇家建筑群，集中国园林及建筑艺术之大成。

　　现今的大唐芙蓉园建于原唐代芙蓉园遗址上，总建筑面积近10万m²，亭、台、楼、阁、榭、桥、廊，一应俱全，全园景观分为十二个文化主题区域。园内唐式古建筑在建筑规模上全国第一，是世界上最大的建筑群，集中了唐时期的所有建筑形式。

　　大唐芙蓉园的建设，是中国园林及建筑艺术的集大成者，尤其是盛唐风格的皇家园林曾使这块区域为世界所关注。园区仿唐建筑设计建设、园区景观设计建设，继承和发展了我国古典建筑、古典园林建筑风格。

大唐芙蓉园紫云楼

1	2	
		3
		4

1.大唐芙蓉园紫云楼夜景
2.大唐芙蓉园夜景
3.大唐芙蓉园滕王阁一角
4.大唐芙蓉园

	2	4
1	3	5

1. 大雁塔鸟瞰
2. 大雁塔(历史照片)
3. 大雁塔1
4. 大雁塔2
5. 大雁塔北广场

大雁塔北广场

大雁塔北广场

　　大雁塔北广场位于大雁塔脚下，北起雁塔路南端，南接大慈恩寺北外墙，东到广场东路，西到广场西路，东西宽480m、南北长350m，占地252亩，定大雁塔为南北中心轴。前广场设有山门及柱塔作为雁塔北路与广场轴线之转接点。由水景喷泉、文化广场、园林景观、文化长廊和旅游商贸设施组成。南北高差9m，分级9级，由南向北逐步拾级形成对大雁塔膜拜的形式。整个工程建筑面积约11万m^2，总投资约5亿元。于2003年12月主体竣工。

　　广场整体设计概念上以突出大雁塔慈恩寺及唐文化为主轴，结合了传统与现代元素构成。北广场有四座石质牌坊，它们既是广场景观的标引物，又是北广场的招牌和景观。四座牌坊均用白麻石材贴面，形成中间高两边低的三门样式，呈现出平衡、稳定、简洁、大气的特点。牌坊题辞用唐人崇尚的字体书写，中间大匾额用颜真卿楷书大字，大气磅礴；两边上下联匾额题词用王羲之、王献之行书字体，典雅生动。

　　大雁塔北广场创造的新纪录：亚洲最大的喷泉广场和最大的水景广场，水面面积达2万m^2；它是亚洲雕塑规模最大的广场，广场内有两个百米长的群雕，8组大型人物雕塑，40块地景浮雕；拥有全世界最豪华的绿化无接触式卫生间，保持最清洁、世界上坐凳最多、世界最长的光带、世界首家直饮水、规模最大的音响组合等多项纪录。

高新技术产业开发区

西安高新技术产业开发区1991年3月被国务院批准为首批国家级高新区。西安高新技术产业开发区是西安市"四区两基地"的重要组成部分，位居西安主城区东南部，南北跨越绕城高速，分为建成区与二次创业区两部分。

东西长12.9km，南北宽11.7km，东至东仪路，西万路，南至纬三十二路，西至经四十四路，绕城高速，北至科技路、富裕路。包括建成区约35km²与二次创业约45km²用地，总用地规模约80km²。

近年来，西安高新区主要经济指标增长迅猛，连续6年拉动西安经济超过4.5个百分点，综合指标位于全国53个高新区前5位。1994年来，西安高新区一直被评为国家先进高新技术产业开发区。

西安高新区已累计成立各类企业6100多家，其中高新技术企业910多家；成立各类外资企业610家，其中世界500强企业或世界著名跨国公司投资的企业30余家。

西安博物院

西安博物院位于西安城墙以南约2km处，总占地面积254亩。院址以著名的唐代建筑、全国重点文物保护单位小雁塔为中心，整体按文物鉴赏、旅游观光、综合服务三大功能区设计，形成了一个集博物馆、名胜古迹、城市公园为一体、文化气氛浓厚的高品位的历史文化休闲场所。

西安博物院总投资2.2亿元，于2007年5月竣工，西安博物院的落成，结束了十三朝古都西安没有大型市级博物馆的历史。博物院的主体建筑——博物馆由我国著名建筑设计大师张锦秋创意设计，整体外观以天圆地方理念创作，突出体现中国传统文化思想，与同院的小雁塔相得益彰、交相辉映。博物馆建筑面积16000余m^2，陈列面积5000余m^2，2000多件珍贵文物在这里首次亮相。2004年在新闻媒体发起的评选活动中，博物馆被评为西安未来十大标志性建筑之一。

1
2
3

1. 小雁塔
2. 西安市博物馆远景
3. 西安市博物馆

钟鼓楼广场

钟鼓楼广场位于西安城市中心的钟楼和鼓楼之间，东、西、南、北四条大街交汇点的西北隅。始建于1995年11月，1996年9月基本建成。钟鼓楼广场由中国建筑西北设计研究院的中国工程院院士张锦秋主持设计。广场东西长270m，南北宽95m，占地2.18hm²。广场主入口的轴线上设置方形水池，既是喷泉，又是地下商城中庭的采光屋顶，入口向西是9425m²的绿地广场，设有大片方格路网的草坪、鲜花，其北侧是商业步行街和传统商业楼。钟鼓楼广场不仅缓解了中心市区商业、交通、人口拥挤的压力，又保护了名城古迹，增添了城市绿地，是集城市广场、地下防空工事及商业为一体的建筑。

1. 钟鼓楼鸟瞰
2. 钟鼓楼1
3. 钟鼓楼2
4. 钟鼓楼广场夜景1
5. 钟鼓楼广场夜景2
6. 钟鼓楼广场

钟鼓楼广场全貌

兰州

Lanzhou

兰州是甘肃省的省会,市区分布在黄河两岸南北两山间的河谷盆地中,城区城山相拥,城水相依,山静水动,山高水长,是一座独特而美丽的高原山水城市。黄河自西向东贯穿城区,蜿蜒百余里,被誉为"九曲黄河第一城"。兰州市区属中温带大陆性气候,冬无严寒,夏无酷暑,是我国十大避暑城市之一。兰州现辖5区3县,全市总面积1.31万km^2,2008年全市户籍总人口322.28万人。

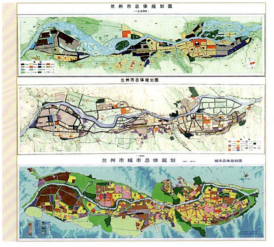

兰州是古丝绸之路上的重镇。早在5000年前，人类就在这里繁衍生息。兰州西汉时设立县治，取"金城汤池"之意而称金城。隋初改置兰州总管府，清康熙时隶属甘肃行省，省会由陇西迁至兰州。1941年正式设市。

兰州是新兴的黄河明珠城市。新中国成立后，兰州被国家确定为首批先建的四个重点城市之一。60年来，兰州市城市规划工作牢牢把握兰州的地理特点、山川地势、建筑形象、风土人情、城市历史，体现时代特色，先后分别在1954年、1978年、2000年编制完成了第一版、第二版和第三版城市总体规划。兰州的城市空间布局结构从一版的"分区布局、组团发展"到二版的"带状组团分布、分区平衡发展"（"带状布局、沿河发展"），再到"一河两城七组团"三版总规城市空间布局。解放后兰州编制的三版城市规划有力地指导了兰州的城市建设。

经过60年的规划与建设，兰州已成为西部高原上崛起的一座重要区域中心城市，重要的工业城市，西北交通枢纽与商贸中心城市，优美的山水城市，典型的带状城市，雄伟的高原城市。目前，兰州正着力开展第四版城市总体规划编制工作，按照西部区域性现代化中心的定位，依据"区域中心、宜居城市、黄河明珠、如兰之州"城市发展目标，科学谋划未来的宜居兰州，努力打造"山水兰州、生态兰州、文化兰州"。初步提出了"一河两翼三城四片区"的中心城区空间规划结构，即以黄河为轴，两山为翼，完善跨河形态，构筑昼夜山水城市整体空间新形象，对中心城区内的城关、七里河老城、安宁新城、西固石化城三城进行优化提升，分步构筑青石片、沙中片区、榆中片区、永靖水源保护片区四大片区。初步确定了"一心五片环城组团都市区"市域城乡空间规划结构。其中一心指中心城区，五片分别为连海工业片区、中川现代经济片区、青什生态新城片区、榆中盆地高新产业片区、兰南区域片区等。同时还响亮地提出了"东扩先行，北拓渐进，西出调整，南联加速"的新城拓展与老城优化发展战略。新版总体规划将努力探索、充分体现资源承载度、社会文明度、经济富裕度、环境优美度、生活方便度、公共安全度等"宜居"城市6大指标，积极应对城乡发展挑战。

1. 五泉山公园正门近景
2. 五泉山公园正门
3. 五泉山公园一隅
4. 百合公园

五泉山公园

　　五泉山公园是一座综合性公园，位于兰州市南皋兰山北麓，海拔1600多m。因有"甘露、掬月、摸子、惠、蒙"五泉得名。

　　五泉山公园占地450亩，山上林木葱郁，古木参天，环境清静优雅。古树是五泉山植被的主要特色，山脊中古槐、老榆、银白杨为主的乡土树种从下而上垂直分布。中峰两侧的东西龙口，左公柳沼溪傍池边比比皆是。园内国槐、旱柳、银白杨等满山遍野。被列为重点保护的古树名木有六科八属55株。有新西兰、美国、日本等国的友谊树。金刚殿内的明槐被誉为"状元树"，距今已有600多年的历史，被列为市一级保护古树。

　　多年来，五泉山的绿化，以原有古树为主题，引进新品种，乔灌木搭配，常绿、落叶树木搭配，对崖体、墙体进行垂直绿化，水面栽植子午莲，以突出本地特色的造园手法建造小游园。以自然式园林为特色的基础上，在主要场所设计制造大型立体花坛，游乐场种植草坪。目前，形成了春有花、夏有景、秋有果、冬有青的季相变化的植物群落。绿地面积达373.5亩，绿地率83%，成为集自然景观与人文景观为一体。1999年，五泉山公园被评为全国百家名园之一。

"龙源"主题雕塑公园

黄河风情线

兰州是一个东西向延伸的狭长型谷地，夹于南北两山之间。黄河流经兰州城内，宛若一条飘落人间的飞天锦带，蜿蜒东去。沿黄河南岸，兰州市建设了一条东西数十公里的滨河路。两旁花坛苗圃，星罗棋布，被誉为绿色长廊，现已成为全国最长的市内滨河马路。依托兰州黄河两岸风光和名胜古迹兴建的融山水、人文胜迹于一体的"百里黄河风情线"，像一串璀璨夺目的珍珠。河心小岛芦苇婆娑，候鸟翔集；"天下黄河第一桥"中山桥等众多风格各异的桥梁凌驾于波涛之上；以"黄河母亲"为代表的一组组城市雕塑点缀在岸边的带状绿色公园之间。

黄河风情线获得了"迪拜国际改善居住环境最佳范例奖"良好范例和建设部"人居环境范例奖"殊荣，目前已成为兰州城市绿化格局的主线，是兰州人们休闲娱乐的首选之地。未来将黄河风情线向西延伸，形成全国最大的黄河景观游览区。

西宁 Xining

西宁地处青藏高原河湟谷地南北两山对峙之间，黄河支流湟水河自西向东贯穿市区，是古"丝绸之路"南路和"唐蕃古道"的必经之地，素有"海藏咽喉"之称。全市总面积7665km²，市区面积350km²，建成区面积75km²。随着西部大开发和现代交通建设步伐的加快，以西宁为中心辐射全省的交通网络已形成。西宁市是中国优秀旅游城市和全国园林绿化先进城市，西宁人民正在不断挖掘和开发旅游资源，积极扩大"天路起点，中国夏都，健康之旅"旅游品牌。

西宁市曾于1954年至1959年先后编制过五次城市总体规划，但均未正式上报审批。1981年编制完成的《西宁市城市总体规划(1981～2000年版)》于1983年4月经国务院批准。《西宁市城市总体规划》自1983年实施至今二十余年来，对西宁市的城市发展和建设起到了重要的指导作用。1995年对规划作了调整和补充。

为了适应国家西部大开发战略下的西宁经济结构及生产力布局的调整，以及未来西宁市社会经济发展和建设的需要，也鉴于上一版的《西宁市城市总体规划》编制期限已到，西宁市人口规模和用地规模需要进一步扩大，城市总体规划与实际建设的需要存在许多矛盾，以及1999年西宁市行政区划的调整，西宁市委、市政府适时提出修编《西宁市城市总体规划》。

新的《西宁市城市总体规划(2001～2020年)》编制工作，于1999年下半年开始准备。2000年5月，中国城市规划设计研究院与原西宁市土地规划管理局共同成立了规划编制组。2000年12月，规划编制小组拿出了《总体规划》纲要的初步方案，2001年2月，形成《总体规划》纲要征求意见稿，并召开专题会议予以初步审查。随后，在五次汇报论证以及广泛征求意见、认真修改的基础上，规划编制组确定了《总体规划》纲要送审稿，提交建设部和省政府审查。建设部城乡规划管理中心于2001年7月，组织专家审查了规划纲要并原则通过。2002年9月28日上报国务院，2006年1月13日《总体规划》得到最终批复。

《西宁市城市总体规划(2001～2020年)》中，西宁的城市规划区除市区外，还包括市域范围内重要的水源地、水源保护区和正在建设的黑泉水库、自然与生态保护区、重要的自然与历史遗产保护范围以及鲁沙尔、多巴、甘河滩镇的规划范围，总面积3930km^2。"大西宁"地区以西宁市城区为中心，包括城南新区、多巴镇、甘河滩镇和鲁沙尔镇组成的城市组群。此外，按照集中与分散有机结合的布局原则，逐步在主城区形成"两个中心，八个片区"的带状组团式结构。与此同时，《总体规划》中还涉及了对西宁市特有的地域文化和民族文化、市域内各级文物、历史文化街区和风景名胜资源的保护，城市周边山体的绿化，城郊公园与城市中心之间的建筑高度，城市主要干道和出入口等重要地段的规划设计和控制，城市特色景观构筑等。

1	1. 湟水森林1
2	2. 湟水森林2
3	3. 湟水森林3

湟水森林公园

　　湟水森林公园是大南山风景区的重要组成部分，位于西宁市大南山西部，东起火烧沟，西至原林场界线，北以解放渠为界。

　　2005年，西宁市邀请上海浦东设计院根据这一背景山体规划设计了森林公园，规划面积为92.33hm^2，并于2006年3月通过设计方案。公园于2006年4月12日由西宁市林业局组织建设，于2007年4月30日向全市人民开放，总投资2000万元。建成后的公园分为五个景区，同时特别修筑了景观廊架、人工湖、"黄河源头"主题雕塑等景点，大大提升了园内的文化气息，成为西宁一座功能完善、环境优美的森林公园。

1. 南山公园浦宁友好园1
2. 南山公园浦宁友好园2
3. 南山公园浦宁友好园3

南山公园

　　南山公园位于西宁市区南边的凤凰山上，东至省林业局绿化区，西至南川东路，南至烈士陵园，北至凤凰山路。海拔2419m，占地1500亩。公园于1985年由南山动物饲养场改为南山公园，1995年至1999年间由西宁市园林旅游局筹建、政府投资2600万元完成了一、二期工程建设，并于同年7月对外开放；2001年至2002年政府投资1040万元，完成了公园风景旅游区道路工程建设；2002年上海浦东新区投资1000万元建成凤凰台景区；2005年至2007年政府再次投资800万元完成了"三期工程"，即浦宁友好园建设工程，设计由上海浦东设计院完成。整个公园建设期间共计投资5440万元，形成了一座功能体系完善、艺术效果完美结合的现代山地森林公园。

乌鲁木齐
Urumqi

乌鲁木齐市地处亚洲腹地，是世界上离海洋最远的大城市。市区内煤的蕴藏量丰富，被称为"煤海上的城市"。

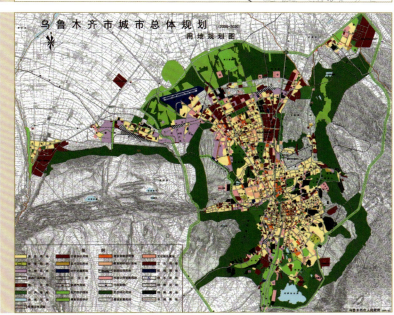

早在6000年前，市区东南的柴窝堡湖周围已有人类活动，在唐代周边地区就建成多处规模不一的城堡。清乾隆二十年（1795年）在今日市区正式修筑城墙。由于地处边陲，交通不便，乌鲁木齐的经济、社会发展一直以来较为迟缓。

1963年兰新铁路贯通，1990年第二亚欧大陆开运，1994年兰新铁路全线建成复线，以及民航地窝堡国际机场、高速公路网、区域性油气管线和通信光缆的建设，推动了乌鲁木齐市经济社会快速发展，向西开发的程度大幅度提高，成了名副其实的第二亚欧大陆的桥头堡。从1949年至今，人口从10.8万增加到236.1万人，建成区面积从不足10km²扩大到303km²，在校学生人数从不足1万人增加到46.9万人，地区生产总值从0.24亿元增加到1020亿元。城市建设发展迅速，供水、集中供热和燃气基本普及。当年市区树木稀少，冬季靠室内盆栽蒜苗来增添绿色，到今日，全城已有26处公园，其中有一处是水上乐园；荒山绿化取得显著成绩，背土引水上山完成了红山绿化，水磨沟区荒山和沙依巴克区雅玛里克山的绿化也已初见成效，不仅大幅度改善了城市生态环境，还给市民提供了大片游憩场所。

乌鲁木齐是多民族共同居住的城市，建筑物风格丰富多彩。1956年建成的人民剧场地方特色浓厚，1984年建成的人民会堂通过现代建筑技术体现了民族特色，荣获2005年国际建筑罗伯特·马休奖的国际大巴扎，更是集当地建筑特色之大全成为游人必至之处。

1941年由中国技术人员独自完成的《迪化市分区计划图》是乌鲁木齐第一份城市总体规划。以后又先后编制过1951年、1959年、1985年的城市总体规划。2002年国务院批准的城市总体规划，因行政区划变更正在进行修编。新一轮的城市总体规划将为把乌鲁木齐市建设成我国面向中亚的国际商贸中心、西部地区的新型工业基地提供新的蓝图。

新疆国际大巴扎

占地面积	90000余m²
设计单位	新疆建筑设计研究院
施工单位	乌鲁木齐建筑工程公司
项目造价	1.9亿元
竣工日期	2003年8月

新疆国际大巴扎是一组集商业、旅游、餐饮、演艺于一身的综合性建筑。它坐落于乌鲁木齐市维吾尔等少数民族聚居地——二道桥一带，建筑遵循伊斯兰的风格，采用本色耐火砖砌筑的建筑主体，涂以黄色的粗糙表面可以联想到当地生土建筑。大巴扎由五栋商业楼、一条室内商业街、一座拆迁返建的清真寺、一座塔高70余m的景观塔和一个广场和地下室组成，总占地面积90000余m²。2002年由新疆建筑设计研究院王小东院长设计，2003年8月竣工。

项目获奖情况：

1.2004年新疆优秀设计一等奖

2.2004年中国建筑学会建筑创作优秀奖

3.个人2005年获国际建协(UIA)罗伯特·马休奖（改善人类居住环境奖）

（资料提供：王小东）

1. 新疆人民会堂内景1
2. 新疆人民会堂内景2

新疆人民会堂

项目区位	乌鲁木齐友好北路
设计单位	新疆建筑设计研究院
施工单位	新疆第四建筑工程公司
项目规模	30000m²，以3000座观众厅为主体
项目造价	6700万元
竣工时期	1985年9月

　　新疆人民会堂位于乌鲁木齐市友好北路连接新旧市区的枢纽地带，新疆昆仑宾馆（也称八楼）的对面。3000人规模的会堂宽54m，深42m，池座1779座，楼座1386座。顶棚由312块20mm厚的钢丝网水泥船体按扇形排列，侧墙均为条形装饰，超细玻璃棉的吸声构造。设计混响时间空场1.4s，满场1.3s。舞台主台宽42m，深20.5m，两边设副台，还有后台12m，总深32.5m，设六块2m×22m升降台，开会时升台，演出时放平。两边另有每边4块车台，舞台两侧钢结构码头，上设灯光吊笼及灯光渡桥，吊杆46道。另有500人会议厅和10多个面积不等具有特色的各地区会议厅。整个体形方圆组合，会堂主体四角以圆形邦克楼及其收顶处理，既是传统建筑元素，又有时代感。宴会厅由方形平面及圆形屋顶组合寓意"天圆地方"。主体的密柱厚檐的比例，既可分隔过大的玻璃，又赋予整个建筑浑圆粗犷的生土建筑气质，而宽厚的琉璃砖檐部装饰使中原文化和西域文化融合在同一建筑之中。1993年获中国建筑学会建筑创作优秀奖。（资料提供：孙国城）

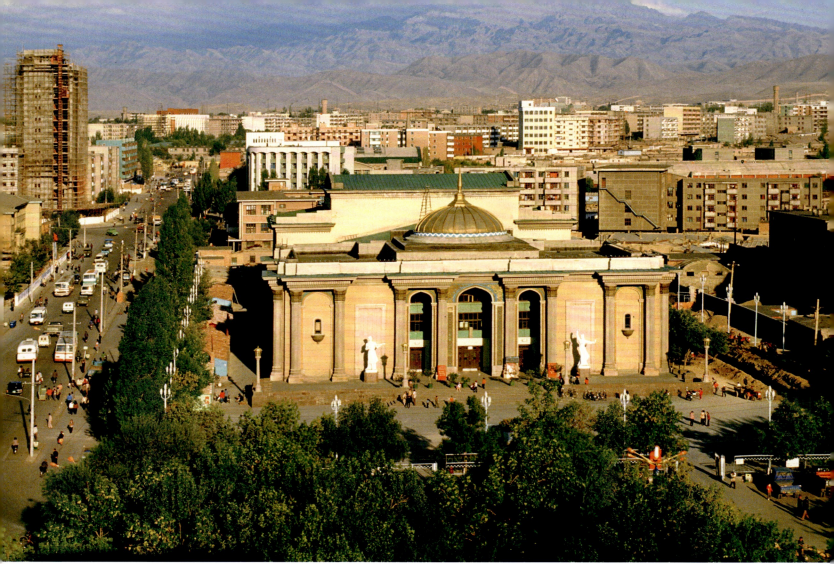

乌鲁木齐人民剧场

乌鲁木齐人民剧场

占地面积	18600m²
设计单位	新疆军区工程处

  乌鲁木齐市人民剧场建于乌鲁木齐市南门广场（解放南路），是新疆维吾自治区重要集会演出场地。1955年由已故著名建筑师刘禾田先生主持，新疆军区工程处下属设计处承担设计，新疆军区工程处工程一团施工，1956年交付使用。建筑基地面积18600m²，建筑面积9850m²，总有效体积49600m³，观众厅1200座位。设计体现新疆维吾尔自治区各民族能歌善舞的传统，更充分运用新疆民族建筑传统的元素。装饰纹样系装饰设计艺术家与维吾尔老匠人的切磋合作；建筑方案又充分运用雕塑艺术以增加建筑作为民族歌舞功能的表现，雕塑单项曾获国家奖。设计图纸曾被建设部选送参加1956年波兰国际建筑展览。该建筑建成后，一直作为新疆维吾尔自治区重要的会议场所被使用，并确定为自治区级保护文物。（资料提供：刘禾田夫人金祖怡）

天池

占地面积 4.9km²

  天池是国家级风景名胜区，在乌鲁木齐市区正东约110km，昌吉回族自治州阜康市内，东距博格达峰约18km。天池湖面海拔高度1980m，南北长3400多m，东西最宽处1500多m，面积约4.9km²，最深处达105m，是一座古冰川活动所形成的高山冰碛湖，世界上著名的高山湖泊。天池湖水清澈透明，湖滨绿草如茵，周围云杉如海，湖光山色随四季阴晴变化而景象万千。1928年中瑞科学考察团在此设立气象站，当年曾有铁瓦寺、东岳庙、山神庙、达摩庵等寺观，修筑寺观时木材、石料可就地取材，砖瓦石灰等材料捆扎成"马搭子"状，搭在山羊背上，一面放牧，一面运上山去。20世纪60年代以后修筑完善了上山公路。游人逐渐增加，20世纪80年代又多次编制风景区规划，在保护自然景观资源的前提下开展旅游。修筑了上山步道，电瓶车道，把游乐服务逐渐迁出湖区，使天池美景常留人间。

天池

（天池景区照片为中国摄影家协会理事、新疆摄影家协会副主席、新疆新闻摄影协会副会长晏先摄影的《画说新疆》画册中摘取，并取得本人同意）

深圳

Shenzhen

1980年深圳经济特区正式设立，拉开了深圳高速发展的序幕。在不到30年的时间里，深圳从一个只有2万多人的边陲小镇成长为一个在国家经济中具有举足轻重意义的特大城市，创造了世界城市化、工业化和现代化的奇迹。2008年末，全市常住人口876.83万人，本地生产总值7806.54亿元，人均GDP达13153美元，是中国首个人均GDP破万美元的城市。全年完成地方财政一般预算收入800.36亿元，经济总量位居全国大中城市首位。

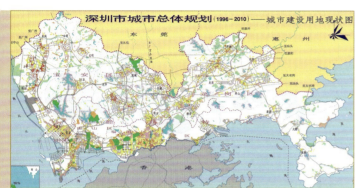
2002

2004

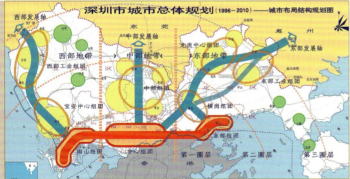
2005

2009

深圳拥有清新优美的城市自然环境，全市建成区绿化覆盖率达50%，人均公共绿地面积16.2m²，先后获得国际"花园城市"、联合国环境保护"全球500佳"、"国家卫生城市"、"国家环境保护模范城市"、"国家生态园林示范城市"、"保护臭氧层示范市"、"全国绿化模范城市"、"全国优秀旅游城市"等荣誉。

深圳城市的建设最先从蛇口和罗湖火车站两个口岸附近开始，然后罗湖、上步开发全面铺开。1986年经国务院批准实施的《深圳经济特区总体规划（1986～2000）》确定了"带状组团式"的城市空间布局结构。直到今天，经济特区依然沿袭着这种城市空间总体布局。

2000年经国务院正式审批的《深圳城市总体规划（1996～2010）》将全市地域空间统一纳入规划区，构筑了以特区为中心、向特区外西、中、东三个方向放射拓展的三条发展轴，形成梯度推进的组团集合布局结构，从全市整体角度综合平衡各社会经济要素，形成了市域范围的生产、生活及环境地域分工协调体系，在全国最早实现了规划的城乡统筹。该规划荣获1999年国际建协UIA荣誉提名奖和2000年建设部规划设计一等奖、国务院金奖。

2005年，深圳完成了《深圳2030城市发展策略》，确立了"建设可持续发展的全球先锋城市"的战略转型目标，从高速成长期逐步进入高效成熟期，进而走向精明增长期。

2006年，深圳启动了新一轮城市总体规划的修编。新的《深圳城市总体规划（2009～2020）》定位为"转型规划"，应对城市发展转型期的机遇和挑战，探讨非用地扩张型的内涵发展之路，积极探寻紧约束条件下城市成功转型的动力机制和路径、方向。规划重点由增量空间建设向存量空间优化转变，由单一的物质性规划向综合性规划转变；将资源、环境、城市社会公共资源保护作为城市发展的基本前提，明确了以城市更新为主的用地非扩张型城市发展模式和城市空间立体化的地上地下综合发展模式，并将制定政策作为规划的重要内容。同时，跳出深圳行政范围内发展深圳的思维定式，在国际和区域范围内寻求深圳的发展空间。

深圳这座年轻的移民城市将继续保持活力与包容，开放与进取，积极探索和改革，为国家城市规划体系和制度的完善继续发挥试验和示范作用，为居民创造一个理想的安居乐业之所。

1. 1995年6月3日亚洲第一高楼——地王封顶 深圳被誉为快速发展城市的典范，人们总习惯称深圳为一夜城
2. 1995年地王封顶

地王大厦

设计单位	美国建筑设计有限公司张国言设计事务所（建筑设计）
	新日本制铁株式会社（结构设计）
	茂盛工程顾问有限公司（结构设计）
施工单位	深圳建升和钢结构公司
用地面积	18734.40m^2
建筑面积	266784.00m^2
造　　价	8.7亿人民币
竣工时间	1996年6月

　　地王大厦——正式名称为信兴广场——是一座摩天大楼。因信兴广场所占土地当年拍卖拍得深圳土地交易最高价格，被称为"地王"，因此公众称之为地王大厦。信兴广场由商业大楼、商务公寓和购物中心三部分组成，大厦高69层，总高度383.95m，实高324.8m，建成时是亚洲第一高楼，现在仍是深圳第一高楼，也是全国第一个钢结构高层建筑，位居目前世界十大建筑之列。主题性观光项目"深港之窗"，就坐落在巍峨挺拔的地王大厦顶层，是亚洲第一个高层主题性观光游览项目。在此可以俯览深圳市容，远眺香港市容。即便是在高楼林立的今天，地王大厦仍是深圳的标志性建筑。

深圳大学

1. 深圳大学教学主楼
2. 深圳大学教学楼远景

区　　位	南山区	用地面积	144万m²
建筑面积	59.62万m²	竣工时间	1983年

深圳大学是经国务院批准，由深圳市人民政府主办的全日制综合性大学。1983年成立，当年建校，当年招生，被邓小平同志称为"深圳速度"。

学校坐落在南山后海湾，环境优美，被称为中国最漂亮的十所校园之一。校园总面积144万m²。校舍建筑总面积59.62万m²（另在建22万m²）：教学行政用房345499m²，其中教室110536m²，实验室102565m²（含教学实验室50450m²），图书馆51589m²，体育设施用房62542m²，学生活动中心楼4128m²，行政办公楼14139m²；学生宿舍197639m²；学生餐厅等其他建筑物53105m²。

目前，深圳大学建有教学学院23个，本科专业52个，综合了文学、经济学、法学、教育学、理学、工学、管理学等7个学科门类。有本科生19437人，硕士研究生1651人，博士研究生22人（联合培养），各类留学生609人，成人学历教育学生16745人。

国贸大厦

第一栋全国集资建设的超高层楼宇——国贸大厦

区　　位	罗湖区	施工单位	中建三局一公司
用地面积	2万m²	建筑面积	10万m²
竣工时间	1985年12月		

国贸大厦以方形塔楼为主体，楼高53层（地下3层）160m，第5～23层及第25～43层为办公楼标准层，第24层为避难层，第49层为旋转餐厅，第50层屋面设有直径26m的的直升机停机坪。塔楼北侧为5层（地下1层）长150m的裙楼，构成一个规模宏大的商场，与大厦内银行、餐厅、展销厅、证券交易厅交相辉映。

大厦配备了先进的楼宇控制系统、消防系统、闭路电视监控系统、中央空调系统和垂直、手扶、观光电梯系统，是集办公、商贸、金融、饮食、观光于一体，造型优美别致，设备精良的一流现代建筑。

国贸大厦占地面积2万m²，建筑面积10万m²，是我国最早建成的综合性超高层楼宇，素有"中华第一高楼"的美称，是深圳接待国内外游客的重要景点，党和国家领导人邓小平、江泽民、李鹏等先后光临国贸大厦，国际政治要人尼克松、布什、海部俊树、李光耀、加利也先后到国贸访问过。国贸大厦是"深圳经济特区的窗口"，也是"中国改革开放的象征"。

1. 1984年1月26日邓小平等在全景模型前听取袁庚介绍蛇口工业区规划
2. 20世纪80年代的蛇口工业区口号
3. 1979年7月2日，蛇口炸山填海，打通五湾、六湾间通道，此举被视为中国改革开放第一声开山炮

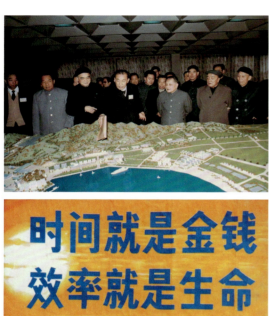

蛇口六湾新貌

1980年蛇口码头片区的建设场面

蛇口工业区

用地面积 55.29万m²
竣工时间 1988年

蛇口工业区位于深圳南头半岛东南部，东临深圳湾，西依珠江口，与香港新界的元朗和流浮山隔海相望，占地面积10.85m²。是招商局全资开发的中国第一个外向型经济开发区。

1987年，蛇口工业区实行公司制，成为蛇口工业区有限公司。目前，招商局蛇口工业区有限公司已发展成为一家拥有房地产、现代物流业、园区服务业、高科技业等产业群组，资产规模达100多亿元的大型投资控股型企业集团。

截至2008年12月31日，蛇口工业区总资产4719220万元，净资产1733445万元，2008年实现营业收入756283万元，实现利润总额251893万元（经德勤华永会计师事务所有限公司审计）。

华侨城全景

华侨城

华侨城位于深圳市南山区东部,北靠塘朗山、安托山,南临深圳湾,深南大道东西向穿越城区。自1985年成立华侨城经济开发区以来,经过二十多年的开发建设,已由昔日的荒滩变为一座集旅游、居住、工业等多功能于一体、环境优美、配套设施齐全、特色鲜明的现代化海滨城区,成为深圳城市特色名片之一和海内外闻名的宜居示范社区。

华侨城城区面积约5.6km²,城区被深南大道分为相对独立的南北两个片区。北片区用地面积约3.2km²,现已发展成为旅游、文化、商业、工业等多功能的综合性城区;南片用地面积约2.4km²,以三大主题公园为主,是深圳市最重要的旅游服务基地。

华侨城从宏观的规划布局到微观的城市设计、建筑设计和环境设计等各方面始终坚持人工环境与自然环境的有机结合,力求创造人与自然和谐发展的生态示范城区。整体上保留了原有的地形地貌和绿化等自然资源,在居住区的规划设计中,充分利用地形,营造丰富的居住空间环境;在公共建筑和城市广场的设计上强调建筑单体与环境、局部与整体的有机协调,建设了生态广场、燕晗山郊野公园、何香凝美术馆、华夏艺术中心等具有较高品质的建筑和环境,成为华侨城极具吸引力的场所,每到公众假期,都会有大量的市民到这里来休闲观光;在旅游景区的规划设计中,强调景点、设备与文化和环境的有机结合,形成独具特色的生态旅游景区,成为深圳市旅游的标志之一。

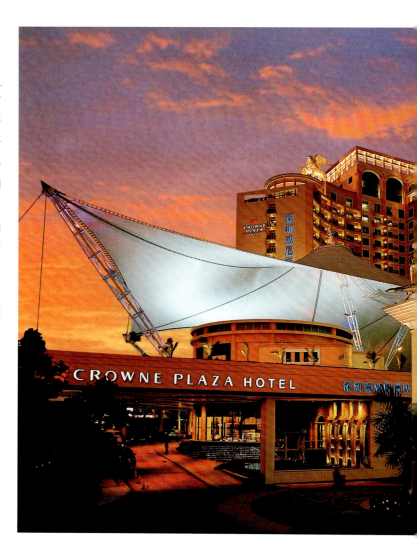

华侨城洲际大酒店

1. 威尼斯酒店——黄昏
2. 华夏艺术中心——夜景
3. 波托菲诺

福田中心区

用地面积	607hm²
建筑面积	750万m²
竣工时间	1988年

福田中心区占地面积607hm²，由滨河大道、莲花路、彩田路及新洲路四条城市干道围合而成，规划总建筑面积750万m²，包括南片区、北片区和莲花山公园，于20世纪90年代开始建设。其中南片区是城市商务中心，深圳国际会展中心和一大批高档办公楼宇坐落其中；北片区是行政、文化中心，市民中心、文化中心、电视中心、少年宫坐落其中；莲花山公园是开放性城市公园，风景秀丽，设施齐全，是一颗璀璨的绿色明珠。中心区重点发展总部经济、会展经济、文化经济、金融证券、保险、产权交易、旅游、中介、传媒等，吸引国内外知名企业总部落户。福田中心区是深圳市集行政、金融、商务、文化、信息、会展、旅游于一体的现代化国际性城市中心。

1
2
3
4

1. 福田中心区一瞥
2. 市民中心
3. 2007年福田中心区
4. 福田中心市区新貌

梧桐山风景区

区　　位	罗湖、盐田
用地面积	3180万m²

梧桐山位于深圳特区东部，为莲花山余脉，在其主要山脊线上，分布着三大主峰(海拔分别为692m、706m、944m)，为深圳市海拔最高的山峰。风景区面积31.8km²，约占特区面积的十分之一，堪称深圳市"市肺"，是一个以山体和自然植被为景观主体的城市郊野型自然风景区。

1989年国家林业部批准建立了梧桐山国家森林公园，同时也是深圳市惟一的省级风景名胜区，目前正在申报为国家级风景名胜区。梧桐山横跨罗湖和盐田两区，规划有东湖公园景区、仙湖植物园景区、碧梧栖凤景区、凤谷鸣琴景区、梧桐烟云景区等八大景区。梧桐山以峰峦秀丽、云雾缭绕、溪涧幽邃、植物茂盛为景观特色。

1. 梧桐山
2. 小梅沙

大小梅沙

小梅沙旅游中心成立于1984年，位于美丽的深圳东部黄金海岸，距市区28km，素有"东方夏威夷"之美誉，"梅沙踏浪"还是著名的鹏城八景之一。中心现拥有小梅沙海洋世界、小梅沙度假村、小梅沙大酒店三大经营实体，已形成集旅游、度假、休闲、健身、会议、餐饮等功能于一体的综合性旅游度假区。

大梅沙海滨公园是1999年深圳市政府"为民办的十件实事"之一，包括大梅沙海滨公园和内陆腹地两部分，面积约168hm²。大梅沙海滨公园，由太阳广场、月亮广场、月光花园、阳光走廊、愿望塔等部分组成，包括18万m²的沙滩、432m长的阳光走廊、1.3万m²的太阳广场、4000m²的月亮广场、230车位的停车场和沙滩内的旅游服务设施，对公众免费开放。

大梅沙海滨公园的规划设计充分考虑山海结合、屏山傍海的自然景观优势，以绿荫冠盖的观景长廊连接椰树林立、花草群艳的大小广场为主线，附有冠大荫浓的法国枇杷掩映着的草坪停车场，造型各异、具有浓郁海滨特色的张拉膜，像朵朵白云点缀在青山绿水之间，还有沙丘绿洲、缀花草坪、棕树林，形成了优美舒适的海滨旅游环境。

深南路

　　深南路被称为深圳的一张名片,包括"深南大道"、"深南中路"和"深南东路"三部分,分别对应南头检查站至皇岗路段(长约19.5km)、皇岗路至红岭路段(长约4.5km)、红岭路至沿河路段(长约3.8km)。1980年,只有7m宽的深南路(现在的深南中路)建成。由于深圳市政府在1981年决定整体规划和修建东西向干道时,深南路被定位为城市道路,其最初的一段在1983年由7m扩展到60m。1985年修建深南东路时,也用了此宽度。后来修建西段深南大道,路宽定为140m,包括两侧绿化带各30m,及中央绿化带16m。由于深圳市决定建地铁,本来预留给轻轨的道路中央地带就做了绿化带。1990年深南路全线基本成形,之后没有再拓宽和伸长。2006~2007年期间,深南路全线进行了修整。

　　深南路沿线经过深圳大学、科技园、世界之窗、欢乐谷、锦绣中华与中国民俗文化村、华侨城、深圳国际园林花卉博览博艺园、香蜜湖水上乐园、市民中心、华强北商圈、中信城市广场、邓小平像、地王大厦、东门商圈等,它不仅仅具备交通的功能,更是这个城市展示所有精彩的电影胶带,它集中了这个城市的经典。

1. 1981年的深南路
2. 深南大道
3. 深南大道华侨城段

1
2

1. 全长28km多的深南大道，沿途有80多栋高层建筑和19座天桥，成为横贯深圳东西的交通大动脉深南大道蔡屋围段
2. 深南大道中心区段

大连
Dalian

大连市是一个相对比较年轻的城市，自1899年开埠建市始，距今仅100多年的历史，但大连的城市规划历史却最早可追溯到沙俄时期。

大连位于中国辽东半岛南端，东濒黄海，西临渤海，冬无严寒，夏无酷暑，全市总面积12573km²，全市人口560多万，下辖六区三市一县。自1899年开埠建市始，距今历史仅有百余年，是一个相对比较年轻的城市，但却是中国优秀旅游城市、卫生城市、园林城市。

新中国城市规划建设60年
城市奇迹
MIRACLES OF CITY
CHINA'S URBAN PLANNING AND CONSTRUCTION IN 60 YEARS

大连的城市规划历史非常悠久，最早可追溯到沙俄时期，但大连大规模的城市建设还是始于改革开放后，这一时期也是大连市城市规划迅速发展的时期。大连高度重视城市规划工作，城市规划工作始终位于全国前列，城市空间结构由单核城市逐步发展为多核心组团城市。中心城区的产业结构调整取得巨大成功，原来在中心城区布局的大批工业企业成功向外搬迁，为城市生活服务腾出了大量空间，极大地提升了城市功能，旅游、宜居、综合服务功能得到进一步增强，空间结构也更为合理。而外围的城市组团也由于接受中心城区的辐射，很好地起到了疏解主城压力的任务，旅顺口区、金州区和开发区发展迅速，与中心城区共同成为城市的重要组团，避免了城市病的出现。大连市城市功能日益完善，由新中国成立初期功能单一的工业城市逐步向承担更高、更具复合功能的东北亚国际航运中心、东北地区门户和核心城市、风景旅游与宜居的国际滨海名城转变。

在城市规划的科学指导下，大连获得了多项城市荣誉，先后获得联合国人居奖、全球环境500佳城市、全国文明城市、中国最佳旅游城市、全国环保模范城、中国人居环境范例奖、全国社会综合治理先进市、全国无障碍设施示范城市等多项国际、国家和有关部委授予的荣誉称号。

大连市经济社会发展取得巨大进步。GDP从1978年的42.1亿元增长到目前的3858.21亿元，短短30年GDP总量翻了6.5番；人口规模由1978年的448.3万人增加至目前的669.5万人；人均住房面积由1978年的4m^2增至目前的26.7m^2，人均公共绿地面积由1978年的1.48m^2增加到目前的8.7m^2，城市建设用地规模由1978年的84.3km^2增加至目前的362.8km^2。

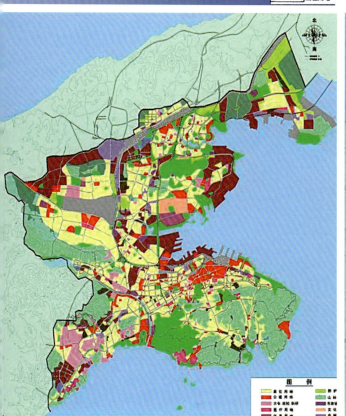

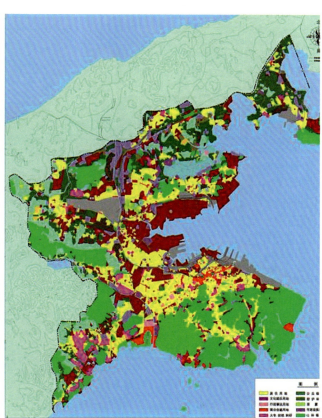

1	
2	3

1. 1958年总体规划图
2. 1999年大连市中心城区现状图
3. 2000年总规中心城区规划图

旅顺历史文化街区保护

规划时间　　2007年初编制，2008年3月通过专家评审
规划范围　　包括旅顺新市街（太阳沟）和旧市街，主要规划面积2.67km²
规划单位　　大连市城市规划设计研究院

　　旅顺口拥有丰富的近代历史遗存，新、旧市街历史街区和众多历史建筑具有十分重要的历史文化价值。保护规划从整个旅顺老城层面展开研究，建立了完整的历史空间保护图则体系；清理出了六条视线通廊，五边形的开放空间体系；建立了五级建筑保护更新等级，将历史保护街区划分为四级保护区域；通过对文脉的发掘整理，清理出了一条历史空间线索，建立了完整的场所体系。

　　旅顺历史文化街区保护规划通过了大连市规划专家委员会评审，被认为思路清晰、手法先进、导则完善、措施得当，是一个优秀的历史街区保护规划范例。

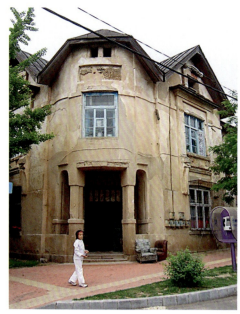

图 例
- 绝对保护区
- 敏感保护区
- 协调保护区
- 一般保护区

1	2	3
4	5	7
	6	8

1. 旅顺历史文化街区规划分区
2. 旅顺历史文化街区1改造前
3. 旅顺历史文化街区1改造后
4. 旅顺历史文化街区规划
5. 旅顺历史文化街区2改造前
6. 旅顺历史文化街区2改造后
7. 旅顺历史文化街区3改造前
8. 旅顺历史文化街区3改造后

星海湾

　　星海湾地区位于大连市西部滨海地区,南临大海,东西为连绵起伏的群山,规划总用地220hm²。

　　该地区从1993年开始规划建设,在规划设计手法上,以圆形中心广场结合椭圆放射形道路的道路网结构模式和延伸至大海的景观主轴线模式,契合大连市的典型城市道路网结构,延续了大连市的城市历史文脉,同时又具有鲜明的现代化气息和浪漫的滨海特色。

　　目前该地区内建设有大连国际会展中心、大连现代博物馆、星级酒店、高档写字楼、高档娱乐餐饮及高档公寓住宅区,沿海滨开发有海滨浴场及滨海娱乐休闲设施,未来拟规划金融商务区、大型游乐场、五星级酒店及特色博物馆等。

　　星海湾的建设带动了高质量城市文化的开展,体现了具有娱乐、文化、商业、休闲等综合性商业活动的城市滨水区的活力和吸引力。

1. 星海湾地区规划平面图
2. 高级居住区远眺
3. 从东侧山顶西望星海湾

青岛

Qingdao

青岛，黄海之滨的明珠，山东半岛城市群的龙头。

青岛昔称胶澳，建制于1891年，1897年被德国强占，1914年、1938年先后两次被日本强占，新中国成立后成为国家计划单列市。

青岛现辖7区5市，总面积10654km²，2008年底全市总人口761.56万人，全市GDP4436.18亿元，全市财政总收入1251.6亿元，城乡居民储蓄达2123.36亿元。

青岛是中国东部沿海重要的中心城市，国家历史文化名城，国际港口城市，滨海旅游度假城市。根据新一轮的城市总体规划，到2020年，青岛市域总人口1200万以内，城市化水平达到75%以上，中心城区人口约500万人，城市建设用地规模控制在540km²，人均城市建设用地108m²，城市人均绿地达到15m²，绿化覆盖率达到45%。

青岛的城市建设是严格遵循城市规划来进行的，德占时期的规划奠定了青岛发展的基础与雏形，当时城市主要布局在前海一线。国民政府接管青岛后，延续了德国人的规划理念，兴起了一轮城市建设的高潮，基本形成了现在老市区"红瓦、绿树、碧海、蓝天"交相辉映的城市美景。青岛的快速发展出现在解放以后，城市发展迈出了老市区的门槛，继续往北扩展，形成了环胶州湾东岸发展的带型城市。20世纪90年代，青岛加快了东部开发的进程，形成了非常现代化的政治、经济、文化中心，同时在青岛设立开发区，形成了"两点一环"的发展态势。进入新世纪，按照青岛市委市政府"环湾保护、拥湾发展"的理念，规划确定"依托主城、拥湾发展，组团布局、轴向辐射"的空间发展战略，努力将青岛市打造成为世界闻名的蓝色经济区。

青岛是闻名世界的滨海旅游度假城市，也是自然与人文环境荟萃的现代宜居城市，"高山、大海、岛屿、城市"的巧妙搭配浑然一体，"诚信、和谐、博大、卓越"的城市精神奕奕生辉。勤劳智慧的青岛人民，有信心、有能力将青岛建设成为人人向往的和谐之城，文明之都，富强之市，甜蜜之家。

1. 五四广场鸟瞰
2. 五四广场一景
3. 五四广场平面图

五四广场

项目名称	青岛五四广场
项目区位	青岛市新市府大楼以南,香港中路与东海路之间及东海路与环海路之间
项目规模	10hm²
设计单位	青岛腾远设计事务所、北京腾远设计事务所
竣工日期	1997年

　　青岛五四广场是青岛市整个东部开发建设的点睛之笔,是青岛第二个百年建设的代表性标志之一,现已成为青岛市最重要的新的城市景点。

　　广场由中心广场、绿荫广场及滨海公园三部分组成。从市政府大楼的中轴线往南延伸形成约720m的广场中轴线,构成整个市政府广场的中央主轴。中心广场的横向东西轴线与中央主轴形成严整的十字型构架。长约330m、宽90m的南北主轴与长290m、宽70m的东西辅轴构成十字形的中心广场与绿荫广场;海滨公园以直径115m的雕塑广场为核心。南北轴线220m,东西弓开曲线420m为构架组成的滨海绿地。

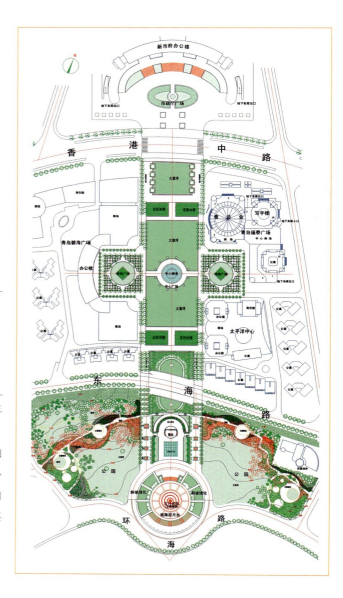

1. 八大关旅游平面图
2. 太平角六路2号
3. 湛山二路16路
4. 八大关保护规划总平面图

八大关历史文化保护区

项目区位　东至太平角六路、芝泉路东侧，南至海岸线，西至汇泉路、荣成路西侧，北至香港西路、郧阳路北侧

项目规模　183.86hm²

设计单位　青岛市建筑设计研究院股份有限公司

施工单位　青岛城市建设集团股份有限公司

　　本次规划以相关法规及历次规划为依据，在对区域历史沿革、整体风貌特色、土地使用功能、建筑价值、完好程度、房屋产权、庭院等现状充分调研的基础上秉持："整体性积极保护、减法为主、功能提升、公众开放、可操作性"的原则，对保护区进行总体规划。结合区域现有主体功能，适应城市发展需要，合理引导区域功能布局。将"休、疗、养"为主的"静态"功能设在区域内部，与旅游相关的"动态"功能设在区域外部。形成：度假餐饮区、游憩休闲区、会议接待区、婚庆蜜月区、运动休闲区、酒吧文化区、疗养度假区、生态景观区。在完善和提升各区功能的基础上，对区内建筑按分类标准采取改善、修缮和整修措施。

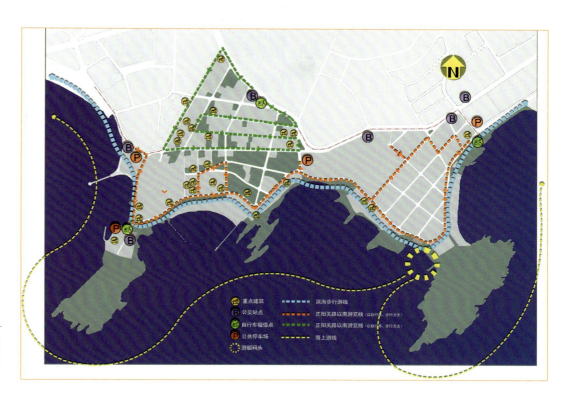

1. 八大关小礼堂1
2. 八大关小礼堂2
3. 八大关小礼堂3

青岛小礼堂

项目名称	青岛小礼堂（又名：八大关小礼堂）
项目区位	荣成路44号
设计单位	原北京工业设计院
项目规模	1.0865万m²
建筑设计	林乐义

该建筑是青岛市民参政议政的重要场所，内设观演厅1450座，建筑功能合理，交通简捷流畅。建筑物均衡庄严雄伟。立面以古典式柱廊构成，运用虚实对比手法形成建筑长久不衰的形象。该建筑体现了我市建国初期建筑技术与艺术的最高水平。证实了青岛新中国成立后的沧海巨变和改革开放三十年的发展历程。

滨海步行道规划总平面

青岛市滨海步行道景观规划设计

设计单位　青岛市新都市设计集团
　　　　　　青岛园林规划设计研究院有限公司

青岛市滨海步行道是市区前海岸线陆地游览观光的主要线路，西起自团岛，沿团岛湾、青岛湾（以栈桥、小青岛为中心）、汇泉湾（鲁迅公园、第一海水浴场）、太平湾（第二海水浴场、八大关风景区）、浮山湾（五四广场岸线、奥帆赛基地）、麦岛岸线（海上游乐城及雕塑公园），东到旅游度假胜地——石老人滨海景区，全长约40.6km。滨海步行道运用游步道、木栈道等形式，将沿途十几处著名风景点有机地串联在一起，构成了相对独立的旅游资源，成为青岛市旅游观光系统中最为精彩的部分。

滨海步行道的主要功能为城市滨海游览、健身、休闲、餐饮、购物、沙滩娱乐和海上观光。规划充分体现以人为本和环保理念，为步行和骑自行车的游览观光者提供安全、方便和舒适的游览环境，并充分考虑无障碍设计。形成一条独具特色的海滨风景画廊，为国内运用木栈道形式构建滨水观光系统提供了成功的范例。

1. 滨海步行道规划总平面
2. 滨海步行道实景照片1
3. 滨海步行道实景照片2
4. 滨海步行道实景照片3

第29届奥运会
青岛国际帆船中心

项目区位	青岛市东部浮山湾畔
设计单位	青岛市建筑设计研究院股份有限公司
项目规模	规划陆域面积：45.2hm²，规划水域面积：56.5hm²，总建筑面积：85400m²，容积率：0.27，建筑密度：15%，绿地率：46%，软质景观面积：75000m²，硬质景观面积：85000m²
施工单位	青岛城市建设投资（集团）有限责任公司
竣工日期	2006年6月30日

　　青岛国际帆船中心坐落于青岛市东部浮山湾畔，毗邻五四广场，陆域面积45hm²，依山面海，风景优美。第29届奥运会和第13届残奥会帆船比赛均在这里举行。

　　青岛国际帆船中心景观设计紧紧围绕"绿色奥运、科技奥运、人文奥运"三大理念，通过三条南北向轴线，即：西轴—海洋文化轴、中轴—欢庆文化轴、东轴—自然文化轴，组成了一个意向的"川"字，以欢舞·海纳百"川"为主题，寓意开放的青岛正以宽广的胸襟，向世界敞开大门。

　　青岛奥林匹克帆船中心已于2006年6月30日全部完工，通过两次测试赛的检验后，分别于2008年8月和9月成功举办了奥运会帆船赛和残奥帆赛。

　　青岛奥帆中心场馆和赛场各项硬件设施得到了国内外参赛代表团的一致好评，被国际业内认识誉为"亚洲最好的奥运场馆"。

1
2

1. 奥林匹克广场旗阵
2. 奥帆中心鸟瞰

中山路

项目名称	青岛中山路商贸区改造
项目区位	中山路南起栈桥，北至大窑沟，全长1.3km，中山路商贸区改造的范围以胶州路、河南路、安徽路和济宁路为界
项目规模	面积为56.6hm²
设计单位	青岛市城市规划设计研究院

青岛市中山路是最能体现青岛市老市区建筑风格和历史文化积淀的传统商业街区，曾经是青岛市的商贸中心。随着青岛市东部的开发建设，城市中心向东部转移，中山路逐渐衰败。

中山路的改造定位是具有地方特色、体现青岛历史文化风貌，融商业、专业服务、旅游、文化、居住为一体，具有强大经济社会活力、适宜人居的商贸旅游综合区。

中山路产业布局南部以旅游消费为核心，组织商业、餐饮、住宿；中部以文化教育活动为中心、组织文化旅游、特色餐饮、特色商业；北部以市民消费及办公服务为核心、组织商贸、办公、居住等。

在空间上以中山路、浙江路为主要轴线，由滨海的开敞空间、高档旅馆、金融服务过渡到南部特色商业、大众娱乐、中高档餐饮区，再延伸到中部文化产业区，最后以北部的商贸、办公、居住、特色餐饮作为结束。

1. 中山路1
2. 中山路2

厦门
Xiamen

厦门城始建于1387年（明洪武二十年），由厦门湾的大陆地区、厦门岛、鼓浪屿等岛屿以及厦门湾所组成，市域面积1565km²，本岛面积133.25km²。

厦门经济特区位于台湾海峡西岸中部、闽南金三角的中心，地处福建省东南部、九龙江入海处，背靠漳州、泉州平原，濒临台湾海峡，面对金门诸岛，与台湾宝岛和澎湖列岛隔海相望。

　　厦门岛为中心城，分思明、湖里两区；大陆部分环湾区，由西向东划分海沧、集美、同安、翔安四个区。本岛用地规模100km²，人口规模100万人；海沧用地规模90km²，人口规模60万人；集美用地规模60km²，人口规模40万人；同安用地规模60km²，人口规模45万人；翔安用地规模40km²，人口规模25万人。

　　至2007年末，厦门全市户籍人口167.24万人，常住人口为243万人。在户籍人口中，城镇人口为114.16万人；其中岛内的思明区、湖里区的人口合计约76.57万人，占全市城镇人口的比重达67.07%。近年来，厦门市经济、社会总体水平发展较快。2007年全市生产总值1375亿元，按常住人口计算，人均生产总值5.6万元。预计至2010年，厦门市总人口规模为270万人，城市人口规模为210万人，城市化水平为75%~80%。

厦门国际会展中心

　　厦门国际会议展览中心是集展览、会议、信息、商贸洽谈、酒店为一体，并配套餐饮、广告、贸易、仓储等服务的大型现代化展览馆。位于厦门岛东南海岸，风景秀丽、交通便捷，与小金门岛隔海相望，直线距离仅4600m。

　　首期工程占地47万㎡，建筑面积16万㎡，其中室内展区面积4.7万㎡，设2200个国际标准展位，室外展区面积5.6万㎡，配套20余间中高档会议室，以及会展广场、四星级酒店、餐饮中心等。

1. 厦门国际会议中心
2. 会展中心
3. 厦门会展中心二期展馆

五缘湾

　　五缘湾位于厦门机场和翔安隧道两大门户之间，是岛内惟一一块集水景、温泉、植被、湿地、海湾等多种自然资源于一身的风水宝地，还有大量的畲族文化等人文景观。

　　五缘湾的定位是"活力生态港，财智精英城"。经过精心规划，整个片区被细分为1个核心区和7个功能分区。目前，五缘湾道路、桥梁、学校、医院、商业街、公园等设施已经全面启动建设。最引人注目的是将要建成的5座圆拱桥——月圆桥、天圆桥、人圆桥、地圆桥、日圆桥。五缘湾特色商业街是具有闽南地方特色的，集休闲、购物、餐饮、娱乐于一身的中高档商业街区。

1. 五缘湾片区
2. 五缘大桥

万石植物园

　　万石山，是厦门市城区的一座风光秀美的山，属鼓浪屿——万石山国家级风景名胜区的一部分，包含太平山、半岭山、中岩山、阳台山以及外清山、五老山、钟山、鼓山、虎山等，陆域面积约32.96km^2。

　　万石山中著名的厦门园林植物园，占地2.27km^2，已开发约120hm^2。植物园始建于1960年，享有"植物王国"或"植物博物馆"的美誉，故此厦门万石植物园也成为厦门城区的一片吐故纳新的肺叶，不懈地改善城区的生态环境，为城市绿化服务。植物园中的万石湖，是1952年10月建成的水库，蓄水15万m^3。

　　万石山上还有万石莲寺、云中岩寺、太平岩寺、虎溪岩、白鹿洞寺、紫云岩寺、紫竹林寺、万寿岩寺、甘露寺等11座不同规模的庙宇。尤为珍贵的是1984年邓小平、彭真、万里、王震同志视察厦门时亲手种下的千年香樟，现正郁盛繁茂，已长成参天大树！万石山，是厦门旅游观光、休闲观石赏景、认识热带和亚热带植物、感受生活感受历史文化最为集中的地方。

1. 万石植物园1
2. 万石植物园2

集美夜景

集美大学

集美大学

集美夜景

集美大学前身是1918年创办的集美师范学校和1920年创办的集美学校，位于厦门市集美镇，创始人陈嘉庚。1994年五所高校合并为集美大学，是福建省重点建设的八所高校之一。学校设有19个学院，专业覆盖8个学科门类，形成了研究生教育、本科教育、高等职业教育、海外教育和成人教育等培养层次比较齐全的办学体系，并成功开展了中外合作办学。

截至2007年8月31日，全日制在校生22688人；总资产18亿元，教学科研设备总值2.6亿元；校园占地面积127.58万㎡。学校建有万兆高速校园网，并已开始全面采用IPv6新一代网络技术和网络无线接入技术。图书馆建有数字信息检索中心，馆藏纸质文献211.97万册，各类电子图书170万余册，中外文现刊2900多种，维普全文数据库等中外文数据库43个。

1. 环岛路雕塑
2. 环岛路木栈道
3. 环岛路滨海绿化

环岛路

　　厦门环岛路全程31km，路宽44～60m，为双向6车道，绿化带80～100m，是厦门市环海风景旅游干道之一。

　　环岛路的建设一直奉行"临海见海，把最美的沙滩留给百姓"的宗旨，有的依山傍海，有的凌海架桥，有的穿石钻洞，建设起点高，标准严，充分体现了亚热带风光特色。通过近47万m^2的绿化、小品等充分体现了亚热带风光，体现了厦门特色，形成了一条集旅游观光和休闲娱乐为一体的滨海走廊，展现在人们眼前的是一幅蓝天、大海、沙滩、绿地和四季花开不断的美好图画。

　　环岛路将依据现有地貌、海滨沙滩、历史文脉，从"人、自然、生态"的理念出发，上下行分幅设计，中间和两侧各留50～150m的景观分隔带和防风林带。道路依坡就势，形成一条原始与现代、开发与保护相结合的生态路。同时，随着钟宅湾大桥的建成，将使原本略显沉寂的厦门岛东北部凸现一弘明月伴潮升的壮丽景观。

　　2000年，"东环望海"被评定为厦门新二十名景之一。其中从厦门大学到前埔的一段海岸，长约9km，称为黄金海岸线，是集旅游、观光和休闲娱乐于一体的海滨绿色长廊。

1. 鼓浪屿
2. 鼓浪屿全景

鼓浪屿

鼓浪屿位于厦门岛西南隅，与厦门市隔海相望，与厦门岛只隔一条宽600m的鹭江，轮渡5分钟可达。面积1.87km^2，2万多人，为厦门市辖区。鼓浪屿原名圆沙洲、圆洲仔，因海西南有海蚀洞受浪潮冲击，声如擂鼓，明朝雅化为今名。由于历史原因，中外风格各异的建筑物在此地被完好地汇集、保留，有"万国建筑博览"之称。小岛还是音乐的沃土，人才辈出，钢琴拥有密度居全国之冠，又得美名"钢琴之岛"、"音乐之乡"。岛上气候宜人，四季如春，无车马喧嚣，有鸟语花香，素有"海上花园"之誉。主要观光景点有日光岩、菽庄花园、皓月园、毓园、环岛路、鼓浪石、博物馆、郑成功纪念馆、海底世界和天然海滨浴场等，融历史、人文和自然景观于一体，为国家级风景名胜区，福建"十佳"风景区之首，全国35个著名景点之一。随着厦门经济特区的腾飞，鼓浪屿各种旅游配套服务设施日臻完善，成为观光、度假、旅游、购物、休闲、娱乐为一体的综合性的海岛风景文化旅游区。2007年5月8日，厦门市鼓浪屿风景名胜区经国家旅游局正式批准为国家5A级旅游景区。

厦门高崎国际机场

　　厦门高崎国际机场位于厦门岛的东北端，距市中心10km，是中国第一家完全利用国外贷款进行建设的机场，也是首家下放由地方政府管理的国际机场。机场地处闽南金三角的中心地带，与台湾隔海相望，三面临海，环境优美，净空条件优越，具有良好的区位优势。机场可起降波音747-400等大型飞机现有1条长宽为3400m×45m的跑道、1条长3300m的平行滑行道及7条联络道，飞行区等级为4E级，停机坪面积25万㎡，可同时停靠40架大型飞机。候机楼面积14.9万㎡，为中国十大繁忙机场之一，旅客年吞吐能力1000万人次；空运货站建筑面积3万㎡，货物年吞吐能力15万吨。

| 1 | 2 |

1. 厦门国际机场
2. 高崎机场

员当湖

员当湖旧名员当港,原与大海相通,20世纪70年代围海造田,筑起浮屿到东渡的西堤。从此,员当港成为内湖,湖内水域面积1.7km²,湖中台地40万m²,取名白鹭洲,有小商品古玩中心、餐饮、娱乐设施和白鹭洲公园。

白鹭洲公园分中央公园和西公园两部分,是厦门最大的全开放广场公园:中央公园,面积5.9万m²,1995年开放,以游人回归自然的观赏要求为主题思想。白鹭女神雕塑立于园南游艇码头,雕像高13.6m,是厦门的标志性雕塑。雕像前的广场上有广场鸽,亲近游人,自然温馨。西公园面积10万多m²,1997年香港回归时建成,内有回归石、生肖石柱、音乐喷泉广场和音乐露天广场。

员当夜色从古景"员当渔火"演变而来。西堤筑成后,渔火消失。如今的"员当夜色"以白鹭洲为主体,以人民会堂为中心,以文物博物为历史文化蕴涵,以湖两岸高楼群为背衬,以时代意识、新潮时尚为趋向,集参观、游览、休闲、娱乐、健身、购物、餐饮等多功能于一体,是厦门新旧城区的中心带,是人们来往的集散地、理想的休闲地,又是厦门日新月异发生巨变的见证。

1
2

1. 员当湖1
2. 员当湖2

唐山
Tangshan

唐山，因市区中部的大城山（原名唐山）而得名，早在4万年前就有人类在这里劳作生息。唐山是百年历史工业重镇，1881年建成唐山煤矿，1925年唐山镇改称唐山市，1938年正式建市，是中国近代工业发祥地之一，曾诞生过中国的五个第一：1878年中国第一座近代大型煤矿、1881年第一条标准轨距铁路、1881年第一台蒸汽机车、1889年第一桶水泥和1914年第一件卫生陶瓷，被誉为"中国近代工业的摇篮"。

唐山市现辖2市6县6区和6个开发区（管理区、工业区、园区），市域总面积13472km²，人口约750万。市区面积3874km²，人口约306万，是全国较大城市之一。唐山为河北省经济第一经济强市，经济总量和财政收入都占到了全省的1/5强。2008年全市地区生产总值达到3561亿元，比上年增长13.1%，位列全国第19位，全部财政收入410亿元。

1976年的大地震，将唐山这座百年工业重镇夷为一片平地，经过十年重建，十年振兴，十年快速发展，唐山如凤凰涅槃，已经成为京津冀及环渤海区域发展的核心城市。截至2008年底，唐山市绿化覆盖面积达9437hm²，绿化覆盖率44.31%；园林绿地面积达8188.11hm²，绿地率38.44%；公园绿地面积达2075.25hm²，人均公园绿地面积10.53m²。1990年成为中国第一个荣获联合国"人居荣誉奖"的城市，唐山市政府被评为联合国"为人类住区发展做出杰出贡献的组织"，2003年荣获"国家园林城市"称号，2004年成为中国惟一荣获联合国"迪拜国际改善居住环境最佳范例奖"的城市。

新中国60年来，唐山市城市建设得到了国家历届领导人的亲切关怀，正在上报国务院待批的《唐山市城市总体规划（2008～2020）》中确定了"二核二带"的城市空间结构，城市性质为国家新型工业化基地、环渤海地区中心城市之一、京津冀国际港口城市。制定了实施南部沿海"四点一带"产业发展与空间布局规划，以及加快建设凤凰新城、南湖生态城、空港城和曹妃甸生态城"四大功能区"的重要战略。未来的唐山中心城区及曹妃甸新城人口将达到500万人，成为带动区域发展的核心城市。

目前，唐山的城市建设正在按照"打造宜居靓城、建设幸福之都"的总目标，坚持城市经营的理念，以生态优先为原则开展南湖生态恢复、环城水系建设等生态景观工程，这将推动唐山的城市转型，使之成为经济强城、文化名城、宜居靓城、滨海新城。

抗震纪念碑广场

城市展览馆

设计时间	2006～2008年
占地面积	2.96hm²
建筑面积	5650.17m²
编制单位	URBANUS都市实践　天津奥林华亚展示有限公司

　　唐山市城市展览馆东与大城山公园毗邻，西南与凤凰山公园相望，是在原西北井4栋日伪时期修建的弹药库和2栋20世纪80年代修建的粮库基础上改建而成的。2006年完成方案设计，2008年建成。

　　馆区分为A馆（重点项目馆）、B馆（主展览馆）、C馆（四大功能区馆）、D馆（四点一带馆）和E馆（县市馆）五个馆。展馆从城市规划的视角，集中反映了唐山城市规划和建设的漫漫历程，突出展现了唐山震后特别是近年来城市建设发生的巨大变化，展望了城市规划发展的美好未来。

　　URBANUS都市实践提出了整个展览馆公园的规划。几幢旧库房被有机地联系成为一组展馆。馆区内，设计了群众可参与的丰富内容；馆区外，自然山体延伸到公园之中，用自然美来装点朴素的建筑，形成了一种轻松的人文环境，创造出一个一般市民乐于参与的公共空间。在一个似乎一切都是新的城市中，人们在这个公园里可以不经意地读到唐山沉淀的历史和值得关心的历史残片。该设计项目2008年初参加了"香港深圳双城双年展"。

1			
2	3	4	5

1. 从大城山鸟瞰整个馆区
2. 馆外景
3. 馆区连廊
4. 馆立面
5. 馆内部

建设路

项目规模	南起唐胥路，北至京沈高速入口，全长10.4km
设计时间	2003年3月
设计单位	广州市城市规划勘测设计研究院

　　建设路是穿越市区最重要的南北干线，城市迎宾轴，它南起唐胥路，北至京沈高速入口，全长10.4km，连接南湖公园、体育中心、会展中心、开发区等多个重要节点，周边景观载体丰富多样。经过2007年的综合改造治理，已经成为老城区改造的亮点。目前，在建设路两侧正在规划建设高层建筑，夜景亮化工程将以绿野唐城、商脉唐城、动感唐城、宜居唐城、科技唐城、生态唐城五个主题区段展开，将成为展现唐山城市面貌、建设成就、地域文化的重要轴线。

1	
2	3

1. 绿化
2. 国际会展中心广场
3. 建设路综合整治

1. 陡河之水
2. 环城水系功能分区
3. 环城水系鸟瞰

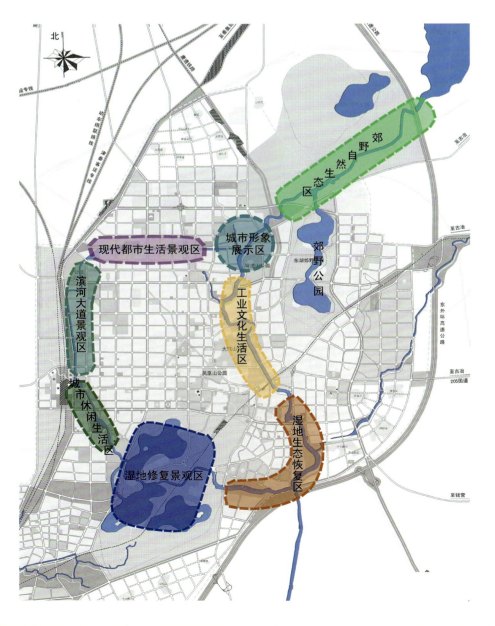

环城水系

项目规模	全长57km
设计时间	2008年9～11月
设计单位	中国建筑科学研究院建研城市规划设计研究院　阿普贝思（北京）建筑景观设计咨询有限公司

　　唐山市域范围河流有60多条，这些河流目前承担的主要功能是防洪和向下游农业输送灌溉。为了适应城市生态建设和百姓生活需要，唐山市对城市水系进行了统一规划，通过彻底改造，形成环城水系，完善防洪排水体系，延伸河道功能，提升城市品位，打造融市民休闲、娱乐、健身和生态绿化为一体的滨水长廊。

　　环城水系工程建设总投资30个亿，共分为6大功能区，即郊野生态涵养区、城市形象展示区、工业文化记忆区、度假休闲娱乐区、现代都市生活区和湿地水源净化区。景观资源丰富的陡河中游景观可亲可观，全面呈现山水之域的格局，并展现唐山陶瓷文化特色和光辉灿烂的工业文明；以西湖为中心的西北水系景观风格体现都市感和时代感，人们可以在西湖水域享受乘船游览城市风光的乐趣，沿岸布置的雕塑、广场和休憩场地，也将为市民营造出舒适怡人的生活空间。

　　环城水系建成后，包括南湖、西湖和整体水系总蓄水面积13.7km²，总蓄水量1948万m³，通过涵、坝、引水管线等水工建筑调节，环城水系将常年保持一定的水位景观。环城水系的景观建设，将在彰显唐山文化特色的同时，打造丰富多彩的滨水景观带，为市区增加90km²的滨水区域。

无锡

WUXI

　　无锡——太湖之滨的璀璨明珠，位于长三角中心位置，是全国重要的经济中心城市、著名的风景旅游城市和国家历史文化名城。烟波浩淼的太湖位于市区西南，京杭大运河纵贯市区中部，在市区西部及西南部横亘着绵延群山，将蠡湖与太湖自然分割，形成"山、水、城"有机融合的独特城市形态。自然山水赋予了无锡城市华丽而优雅的外在形象，吴文化、运河文化、民族工商业文化是无锡成长的内在灵魂。无锡经济凭借着坚实基础和不断创新，GDP从新中国成立初期的2.74亿元增加到4419亿元，人均GDP突破1万美元，经济总量始终位居全国大中城市前十位。伴随着经济的的快速发展，无锡城市综合实力显著提升，各项社会事业全面进步，城乡面貌发生了巨大变化，市区建成区面积已达208km^2，城市居民人均住房面积和公共绿地面积分别达33.4m^{2}和12m^2。

60年来，无锡城市规划建设始终坚持实事求是、尊重科学发展规律、保护和彰显地域特色，引领和优化城市发展的基本思路。进入新世纪，无锡规划工作通过建立科学合理、层次分明的城乡规划体系，引导形成"一体两翼"的区域城市化发展格局，实现了城市空间发展布局从"运河时代"走进"蠡湖时代"再迈向"太湖时代"的巨大变迁。太湖新城、锡东新城与"五园五区"等功能性载体的规划建设，有力推进了城市功能和产业的转型发展；两网（路网、轨网）、三港（空港、河港、信息港）、三铁（高铁、城铁、地铁）的基础设施规划建设，有力支撑了城市的跨越发展。坚持以生态创建为抓手，不断加大生态建设力度，加强生态用地的规划管控，多层次、系统化的推进生态环境规划建设工作，维护城市生态安全，构建以城市公园、森林公园、湿地公园、若干社区公园的城市绿地系统；以建设国家历史文化名城为目标，加大历史文化遗产保护力度，建构"历史文化名城—历史保护街区—历史文化名镇（村）—工业遗产、乡土建筑"的多层次保护规划体系，全方位展现无锡历史文化名城风貌。无锡必将成为城市与乡村相和谐、自然生态与人工环境相映衬、历史文化与现代文明相辉映的繁华江南都会和幸福安康的人间天堂。

无锡规划建设继续践行科学发展观，更好地创建生态文明先驱城市、国家可持续发展实验区和国家历史文化名城，实现从工业文明向生态文明的跨越，努力"构筑无锡科学发展新优势，攀登基本现代化新高峰"。

1	
2	

1. 蠡湖之光新景1
2. 蠡湖之光新景2

蠡湖之光

设计单位	上海易通
施工单位	无锡市古典园林建筑公司
占地面积	90120m²
项目造价	4500万元
竣工日期	2003年10月

蠡湖之光是城市进入蠡湖的门户，更是一扇敞开未来的观念之门，它的打开，意味着蠡湖开启了面向世界、接轨世界的门扉。120m的蠡湖高喷喷薄而起，给人们带来的不仅仅是美丽，更多的是一种不断超越、追寻世界高度的城市精神。

渤公岛

施工单位	无锡景苑绿化公司
项目规模	占地约37km², 长1700m
项目造价	1.85亿元
竣工日期	2005年10月

　　渤公岛为纪念治水先贤张渤而取名，是集生态风光、人文景观、水利枢纽于一体的生态湿地岛，占地面积约37hm²，南北长约1700m。隔湖相望的鸥鹭岛，由生态清淤的土方堆砌而成，是供鸥鹭繁衍栖息的生态岛屿和湖中一景。

1
2
3

1. 渤公岛新景1
2. 渤公岛新景2
3. 渤公岛新景3

蠡湖公园

设计单位	上海易通
施工单位	无锡市古典园林建筑公司　无锡景苑绿化公司
项目规模	占地面积158127m²
项目造价	7900万元
竣工日期	2005年5月

　　蠡湖公园占地面积300余亩，中西合璧的园林规划和景观设计，宽敞的草坪和灵巧的造景，以及深蕴太湖水文化的石刻书画长廊，让市民在水境中浸染更多的人文和自然。

1. 蠡湖公园
2. 蠡湖公园新景

1. 蠡堤旧影
2. 蠡堤新景1
3. 蠡堤新景2

蠡堤

设计单位	上海易通
施工单位	无锡景苑绿化公司
项目规模	占地面积41770m²，全长1200m
项目造价	2000万元
竣工日期	2007年10月

蠡堤是连接渔夫岛和渤公岛的景观长堤，原为围湖造田时留下的堤岸，全长1200m，它与西蠡湖的"西堤"相呼应，蠡堤源自范蠡、西施在蠡湖养鱼耕作的传说，也是渔夫岛内涵的延伸。蠡堤随处可见渔文化和商圣范蠡的生活演绎，站在堤上，西蠡湖的景观尽收眼底。

	1	
2	3	

1. 长广溪湿地公园旧影1
2. 长广溪湿地公园新影2
3. 长广溪湿地公园新影3

长广溪湿地公园

设计单位	长广溪湿地公园（试验段）：加拿大FK国家设计集团
	淼庄湿地公园：上海易道
项目规模	占地面积448410m²
项目造价	1.12亿元
竣工日期	2009年5月

长广溪是蠡湖与太湖之间的水上通道。长广溪湿地公园，建有湿地知识解说中心，依山、傍湖、邻城的湿地空间和独特的生态水处理系统，成就了长广溪鸥鹭横飞、鱼翔浅底的生态景观。

1. 无锡市博物馆内景
2. 无锡市博物馆外景

无锡市博物院

项目区位	无锡市南长区 太湖广场 太湖大道
设计单位	中南建筑设计研究院
施工单位	中国建筑第一工程局
项目规模	建筑面积70000m²
	地上部分的建筑面积47400m²
	地下部分的建筑面积22600m²
项目造价	8亿元
竣工时间	2008年10月

无锡博物院由博物馆、科技馆、革命陈列馆三馆并列而成，是一座大型的重要公共建筑。其主要功能为展览建筑，其中地下部分为展厅、设备及地下附属设施和社会停车库，地上部分为展厅、多功能厅、办公及配套库房等设施，除集中地下一层的设备用房外，地上部分合理利用空间设置局部夹层以布置大量的分散的设备用房。

1. 无锡市新体育中心游泳馆1
2. 无锡市新体育中心综合馆2

无锡新体育中心

项目区位	无锡市滨湖区
设计单位	无锡市建筑设计院
项目规模	总占地面积49万m²
项目造价	8亿元
竣工时间	2002年9月

无锡市体育中心坐落于无锡市西南郊,南临无锡市优美的景观主干道——太湖大道,东临通向五里湖及大学城的主干道青祁路,西至通向蠡湖新城主干道的蠡溪路,北靠建筑路,总占地面积49万m²。中心体育场于1994年完成,其外形为马鞍形,拥有3万人座席的足球、田径场,总建筑面积为3.2万m²,建筑规模省内一流,设施功能齐全,具备举办国际、国内规模的田径、足球比赛条件;体育中心是我市新中国成立以来规模最大,功能最强,标准最高的社会事业项目,是集各类竞技体育比赛,全民健身休闲、商贸旅游会展、大型文艺演出于一体的多功能体育运动中心。

| 1 | 2 |

1. 蠡湖隧道1
2. 蠡湖隧道2

老年大学（老干部活动中心）

项目区位	无锡市南长区
设计单位	上海兴田建筑工程设计事务所
施工单位	江苏武进建筑安装有限公司
项目规模	占地面积28800m²
项目造价	1.1亿
竣工时间	2007年12月

　　该项目位于南长区清扬路东侧、清名路北侧，为无锡市老干部、老年人的活动场所，因此建筑设计充分考虑了老年人这一年龄层次的生理特点和审美观念，建筑的空间处理和院落层次的组织借鉴了江南园林的处理方式，通过借景、对景、庭院空间相互渗透的处理手法，将建筑群体有机地组织在一起。

　　总体布局分为两大块，基地西北角为老年大学，主体建筑5层、局部3层。建筑体量北高南低围合布置，中央为庭院。基地南侧、东侧为老年活动中心，南侧沿清名路布置，东侧围合成两个庭院。

1
2

1. 老年大学1
2. 老年大学2

蠡湖隧道

项目区位	无锡市滨湖区
设计单位	上海市隧道工程轨道交通设计研究院
施工单位	中铁隧道股份有限公司
项目规模	全长1180m
竣工时间	2007年12月

蠡湖隧道全长1180m，其中湖底暗埋段880m，两端敞开段300m，两孔双向六车道，设计车速60km/h，距地面最深处为12m。

	1
2	3

1. 江南大学蠡湖校区体育场
2. 江南大学蠡湖校区信控大楼
3. 江南大学蠡湖校区设计大楼

江南大学蠡湖校区

项目区位	无锡市滨湖区
设计单位	华南理工大学建筑设计研究院 无锡轻大建筑设计研究院有限公司
项目规模	占地面积100万m²
项目造价	25亿元
竣工时间	2006年8月

江南大学蠡湖校区南望烟波浩渺的太湖，北枕风景秀丽的五里湖和无锡老城区。在延续无锡当地传统建筑与园林文脉的同时，以新材料和新技术来表达新与旧的有机融合，以江南本地特有的青瓦白墙作为校园建筑的主体色彩，以材质表示地域精神。从外部空间设计到内部庭院规划，营造多层次的园林空间，以生态环保为指导、人与自然和谐共存，充分利用现有地形、地貌、水库、小溪，在单体建筑中尽可能采用节能环保的建筑材料。并为将来可持续发展留有余地，使未来发展不破坏现有格局。江南大学蠡湖校区为无锡城市构建出一座现代化、信息化、生态化、地域化、园林化的校园形象。

1. 无锡机场
2. 无锡新机场航站楼

机场航站楼

项目区位　无锡市新区
设计单位　上海民航新时代机场设计研究院有限公司
项目规模　总占地面积42290m²
项目造价　1.5亿元
竣工时间　2007年9月

　　根据航站区规划用地范围为不规则五边形的特点，为了使旅客航站区运行更加灵活、顺畅，机场设计将南部进深较大的区域主要规划为旅客航站区（东侧）、生产辅助区和行政办公区，北部则主要规划为货运区和航空公司生产基地。

　　航站楼构型选用前列式，建筑平面形式为二层式布局，地下层为停车库及设备用房。一层为到达厅和行李处理用房、远机位候机室、贵宾候机室、设备间及外场工作用房。二层为出发厅和旅客办票区、旅客候机区。

无锡金城公铁立交桥

无锡金城公铁立交桥

项目区位	无锡市南长区
设计单位	中铁第四勘察设计院
施工单位	中铁24局路桥公司
项目规模	主线桥宽度24.5m，长3.73km，双向六车道
项目造价	4.6亿
竣工时间	2006年12月

　　金城立交桥为金城路—兴源路互通式大型立交桥，由金城路主线（西起通扬路，东至江海东路），兴源路主线（北起锡甘路，南至旺庄立交）构成。两条主干道在铁路南门货场上方交汇互通，跨越南长街、古运河、城南路、塘南路、铁路沪宁线、前进路、伯渎港、焦化厂和冶金工业站专用线及南门货场等。金城立交桥的建成对完善城市交通路网具有重大意义。它不仅进一步"激活"兴源路、金城路的功能，形成贯穿城市东西、南北的交通"动脉"，而且对沟通新区交通、建设城南地区，缓解太湖大道及周边交通压力，构筑城市快速路网有着举足轻重的作用。同时，金城立交桥的建成加快了无锡城市化步伐，必将有力带动沿线乡村环境建设和布局调整。

淮南

Huainan

淮南位于安徽省中北部的淮河之滨，总面积2600km²，总人口240万，辖5区1县和1个国家级综合实验区、3个省级经济技术开发区，素有"中州咽喉、江南屏障"之称，先后荣获"全国平原绿化先进城市"、"全国双拥模范城市"、"国家园林城市"等称号。

淮南历史悠久，人文荟萃，有以古窑址、古战场、古墓群、茅仙古洞、古生物化石群和豆腐文化"五古一稀"为代表的众多名胜古迹，有被列为国家非物质文化遗产并被誉为"东方芭蕾"的淮河花鼓灯艺术，有享誉华夏大地并蜚声海内外的少儿艺术等。它以黑色的煤炭、红色的火电、蓝色的地球生命起源、白色的豆腐和绿色的家园被誉为"五彩淮南"、"百里煤城"、"中国能源之都"、"地球上的生命圣地"、"豆腐故里"。

淮南是一座缘煤而建、因煤而兴的资源型城市。20世纪30年代初期，淮南煤矿开始大规模开采，九龙岗、大通和田家庵逐步形成了"淮南三镇"，直至50年代初才开始市政建设，1956年开始编制城市总体规划。随着煤矿建设向外拓展，城市建设形成了以东部为主体、东西并重的基本格局。80年代初，形成了以田家庵地区为中心、多点并举的城市建设格局。十一届三中全会以后，编制实施了1980～2000年淮南市城市总体规划，确立了"大分散、小集中，随矿（厂）建镇，各具特色，城乡交错，工农结合，有利生产，方便生活"的格局，淮南城市建设迅速发展，城市绿化也由此形成了"点线面相结合、彩带串明珠"的格局。2001年确定了"东进南扩"的城市发展战略，城市空间发展目标为"东进、西调、南拓、北联"，构建八公山、舜耕山、上窑山"三山鼎立"，淮河、高塘湖、瓦埠湖"三水环绕"，东部城区、西部城区、南部新区"三城互动"的生态园林城市。

在加快经济社会全面协调可持续发展的同时，2002年开始创建国家园林城市，2004年获得"安徽省园林城市"称号。2007年修编了城市绿地系统规划，确定了"依山傍水，一环一心三带三楔四脉，彩带串珠"的绿地布局结构，并实施《淮南市城市绿线规划》。截至2007年底，全市建成区人均公共绿地、绿地率、绿化覆盖率分别为8.92m^2、38.32%、40.38%。淮南市和凤台县分别通过建设部检查验收，2008年2月分别被命名为"国家园林城市"和"国家园林县城"。

60年来，一个"城为绿染、绿为水润、水为人利、人为自然"的良性生态循环正在形成，一个市政设施配套、功能完善、环境优美、经济繁荣、科技发达的现代化新淮南正展示在世人面前。

城市夜景

1
2

1. 春申君墓
2. 淮河风情

1. 八公山风景区大门
2. 汉淮南王宫
3. 茅仙古洞

八公山风景区

历史文化名山八公山，位于安徽省中部、淮河中游，方圆200km²，由大小40余座山峰叠嶂而成，主峰白鹗山海拔241.2m。

八公山历史悠久，古称北山、淝陵、紫金山。八公山是我国古代楚汉文化的重要发祥地之一，又因处于"中州咽喉，江南屏障"的重要位置，历史上战事频繁，遗存丰富。八公山至今拥有许多著名的文物古迹，如淮南虫古生物化石、淝水之战古战场、江淮著名私家园林——孙家花园以及古寺、古庵、古塔、古道观多处。八公山主要旅游景点有：汉淮南王宫、孙家花园、炼丹谷、淝水之战古战场遗址、忘情谷、乾隆玉笋、青琅轩馆、白鹗山、石门潭、乐涧套、碧霞元君庙、南塘湖、茅仙洞、卧龙湖等。深厚的文化渊源使这座名山的一草一木、一山一石、一水一潭都具有历史魅力。

目前，八公山风景区旅游开发建设累计完成投资8000余万元。据统计，2003年八公山风景区接待游客26.64万人次，旅游业总收入1194.52万元，2008年共接待游客97.51万人次，同比增长30.22%，旅游业总收入41184.50万元，占八公山区GDP的14.35%。由于其丰富的人文景观及自然景观，八公山荣获首批省级风景名胜区和国家地质公园、国家森林公园、国家4A级旅游区。

洛阳

Luoyang

洛阳位于河南省西部,素有"九州腹地"之称。洛阳地理条件优越,东邻郑州,西接三门峡,北跨黄河与焦作接壤,南与平顶山、南阳相连。东西长约179km,南北宽约168km,总面积15208km², 市区面积544km²。2008年末洛阳总人口654.4万人。洛阳是中国重要的工业基地,经过几十年的大规模建设,洛阳工业已形成了以机电、冶金、建材、石化、轻纺、食品等为主,36个工业门类、5300多家工业企业(其中大中型企业89家)组成的门类齐全、大中小结合、轻重工业全面发展的工业体系。

新中国成立不久,国家就把洛阳确定为重点建设城市。"一五"期间确立的156项重点建设项目,洛阳就有7项。洛阳市第一期城市规划以西工行政区为中心,以老城居民生活区、涧西工业区为副中心,使城区在洛河以北至邙山南麓之间形成了东西长15km的带状形态。这一规划被国内外专家赞誉为"洛阳模式"。

1979年6月15日,洛阳开始编制第二期城市总体规划(1981~2000年)。二期总体规划认真分析研究了洛阳历史文化悠久、地理区位优越,旅游及矿山资源丰富,机械、建材工业基础雄厚以及科技交通优势的现状,确定洛阳为"历史悠久的著名古都和发展以机械工业为主的工业城市"。二期规划对城市进行了较为务实的梳理与谋划,完善了专业规划,注重城市基础设施的规划和建设,但受规划编制的时代背景所限,规划对洛阳市改革开放和社会经济的发展形势估计不足。

为适应洛阳市区发展的客观要求,洛阳市于1994年启动了洛阳市第三期城市总体规划(2001~2010年)的修编。第三期城市总体规划突破了"就城市论城市"的狭隘观念,着眼于未来城市发展的空间与环境,确定城市性质为国家历史文化名城、著名古都、旅游城市、中原西部的交通枢纽和中心城市。规划期内的洛阳市由较大城市上升为大城市、特大城市,城市总体布局结构和城市形态由20世纪80年代单一的带状城市改变为现代化的多组团、圈层式都市结构和形态。总体布局结构采取集中与分散相结合形式,强化中心城,发展卫星城,建立城市圈,形成都市区。总体布局形态是:适应地形地势,合理利用周围自然环境,以洛河为轴线,两岸发展,以南北对应的两个组团式多中心带状城区为主体,以纵横快速路、城市主干道及环状外围道路为骨架,以周山绿地和隋唐城遗址保护地为绿色心脏,组成多核结构的带状组团式布局形态。三期总规对洛阳近年的城市建设起到了有效的指导作用。

洛阳市第四期城市总体规划纲要(2008~2010年)修编工作于2007年1月正式启动。四期城市总体规划纲要综合考虑了洛阳市的现实发展条件和未来发展趋势,确定了规划期内洛阳市的总体发展目标:融入区域,积极响应中原城市群发展战略,强化洛阳区域副中心的地位,发挥洛阳工业与科研基础优势和历史遗产及旅游资源保护利用的特色,提高城市竞争力,全面实现产业结构的升级调整,建成中西部地区最佳人居环境城市,引领中原实现率先崛起;城市性质:国家级历史文化名城,河南省副中心城市,著名旅游城市,先进制造业基地;城市规模:规划至2010年,中心城城市人口规模为205万人,城市建设用地为203km^2,人均建设用地99m^2。规划至2020年,中心城城市人口规模为300万人,城市建设用地为295km^2,人均建设用地98.5m^2。规划期内用地年均增速约为8.2km^2。

伴随着新世纪的骀荡春风,洛阳正以从未有过的气势、从未有过的速度、创造着城市建设从未有过的奇迹。洛阳市已经成为水系充盈、绿地丰沛、整体布局科学合理、各类建设搭配得当、山水园林相间、生态环境优美、历史文化厚重、现代气息浓郁的城市。

洛浦公园

占地面积	1600余hm²
投资规模	6亿元
园林设计	洛阳市古建园林设计研究院

洛浦公园始建于1997年5月，横跨洛河两岸，纵贯洛阳市六个城市区，由南岸景区、北岸景区及河道水面景区三部分组成。东西长20km，北堤宽60m，南堤宽40m，五级水面宽600～800m，总面积达1600余hm²，是集河堤、阶堤、滩塘、河道于一体，融园林绿化、园林建筑、园林景观、园林文化、历史文化为一炉，规模宏大的开放性公园。除满足市民游憩、观赏、休闲、晨练等功能要求外，也是进行科普教育、环境和绿化意识教育的重要基地。

洛浦公园由洛阳市古建园林设计研究院设计，总投资6亿元。开工建设初期，先后有20万人走上大堤参加义务劳动。经工程招标由洛阳市园林绿化建设工程处、洛阳市市政工程公司、城建集团、河南省六建集团公司、中铁十五局等以及园林局属各单位参加工程建设。1999年9月洛浦公园中段竣工开园，2001年9月东段十三个历史文化广场完工、彩虹桥通车，2007年12月东延长段"丝绸之路"主题公园竣工开园、朱樱桥通车，历经十余年建设的洛浦公园市区段已与全部六个城市区相连。洛浦公园的建成对防洪排涝，调节城市气候，改善城市生态环境，促进城市经济、文化、旅游事业和社会的可持续发展有着重要作用。

1	2
	3
4	

1. 洛浦公园西大门场
2. 洛浦东段历史文化区之洛神广场
3. 三仪广场之浑天仪
4. 洛河两岸

开元湖彩色音乐喷泉

投资规模　　5000万元
建筑设计　　洛阳市古建园林设计研究院

　　开元湖彩色音乐喷泉安装工程自2005年12月5日开工建设，至2006年1月30日竣工，工程总投资5000万元。洛阳市古建园林设计研究院承担建筑设计，北京东方光大喷泉安装有限公司承担喷泉安装工程的设计与施工。

　　开元湖彩色音乐喷泉被誉为洛阳"新八大景"之一，位于洛阳市洛阳新区。开元湖碧波荡漾，风光宜人，总占地面积达412亩。湖内喷泉设施占地近12万km²，是国内少见的大型高科技水景表演系统，拥有变化复杂的高科技水形、精确的数控定位系统、超长距离的变频陈列、与音乐同步变幻的激光表演设备、大型彩色灯光表演系统。开元湖彩色音乐喷泉以国花牡丹为主要造型元素，塑造出了绚丽多姿、气势恢弘、精彩绝伦的水形变幻，场面壮观，意境悠远，令人叹为观止。

1. 开元湖1
2. 开元湖2

隋唐城遗址植物园

规划设计 北京林业大学
占地面积 2864亩

洛阳市隋唐城遗址植物园位于隋唐洛阳城遗址,始建于2005年12月,2006年8月开园迎宾。植物园以洛阳的山、水、植物和隋唐城遗址文化为基础,坚持科学保护与合理利用相结合,集科研、科普、文化娱乐为一体,是游客和市民观光赏花、休闲娱乐的重要场所。

隋唐城遗址植物园由北京林业大学规划设计,总占地面积2864亩。园内建设了千姿牡丹园、野趣水景园、木兰琼花园、万柳园、岩石园、百草园、梅园、竹园、海棠园、桂花园等17个专类园区。其中,千姿牡丹园占地320多亩,由百花园、九色园、特色园、科技示范园组成,共种植红、白、黄、粉、绿、紫、蓝、黑、复色等九大色系牡丹1200多个品种,是目前全市牡丹品种最多、花色最全、文化氛围最浓的牡丹园。全园植物种类达2000多种,总绿地面积130万km^2,在植物配置上以乔、灌、花、草合理搭配,形成南北园艺交汇、自然与规则共融、中外园林荟萃的大型植物园。

植物园内,20多个休闲娱乐广场形式各异,造型独特,与之相辉映的30多组亭台、廊架,既体现了隋唐时期建筑风格,又不乏浓郁的现代气息。滴翠湖占地12万m^2,堆山而建,绿岛点缀,奇石围绕;3万多m^{2}的湖泊、湿地和大片疏林缀花草地等组成野趣水景园,1万多m长的水系明渠蜿蜒贯通、巧妙连接,既发挥了灌溉功能,又增添了植物园的灵秀之气,共同营造出流水潺潺、碧波荡漾、水鸟纷飞、野趣盎然、如诗似画的迷人景象。

隋唐城遗址植物园规划图

1. 隋唐城遗址植物园南北一级路、中心广场
2. 隋唐城遗址植物园水景园一角
3. 隋唐城遗址植物园千姿牡丹园一角

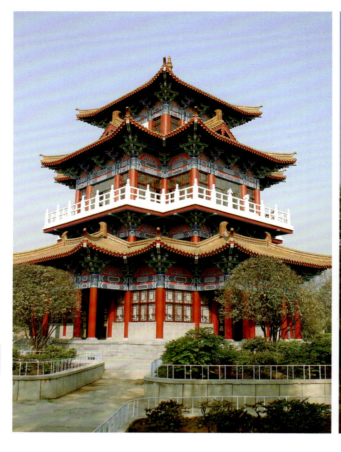

1. 沉香楼
2. 牡丹仙子
3. 邵乐台

王城公园

　　王城公园是洛阳市最大的综合性公园，因修建在东周王城遗址上而得名。公园由古文化区、牡丹花圃、动物馆、游乐场等几个部分组成，深厚的传统意境和浓郁的现代气息融为一体。古文化区中，由"纪胜柱"碑林、"神元台"殿阁及"纪成殿"、"怀周亭"、"明德门"等组成的仿古建筑群，回廊环绕，结构紧凑，体现了周王都"郏鄏纪胜"的内涵；韶乐台建筑古朴典雅，内设编钟、石磬、管弦等古代乐器，体现了周文化的博大精深；九鼎壁和河图洛书石雕则反映了中华民族祖先卓越的智慧和才华。牡丹区由几个大型牡丹花圃组成，栽种牡丹1万余株，300多个品种。花开时节，姹紫嫣红，五彩缤纷，是古城的赏花佳处。牡丹丛中，有洁白的牡丹仙子雕塑一尊，亭亭玉立，婀娜多姿。动物馆在公园北部，这里栖息着大熊猫、东北虎、华南虎、丹顶鹤等50多种珍禽异兽可供观赏。游乐场有各种现代化的游乐设施，供游人尽情游玩，娱悦身心。

中国国花园

占地面积　　1548亩
规划设计　　洛阳市古建园林设计研究院

中国国花园位于洛河南岸隋唐城遗址之上，东起洛龙路，西至牡丹桥，南临隋唐城路路，北依洛河，东西长2700m，南北最宽524m，占地1548亩，是目前我国最大的牡丹专类观赏园。中国国花园以隋唐历史文化为底蕴，以牡丹文化为主要内容，融历史文化、牡丹文化和园林景观为一体，充分展示了牡丹之美、之清、之幽，享有"中国国花第一园"美誉。

中国国花园始建于2001年9月，一期工程于2003年4月竣工并投入使用。由洛阳市古建园林设计研究院规划设计，洛阳市园林局组织施工。原址位于洛河堤岸边，当时这里植被破坏严重，垃圾遍地，在此范围内建设国花园是保护牡丹种质资源、树立古都形象、创建特色园林城市、提高城市旅游环境品位的一项重要举措，对洛阳市的自然生态环境、经济发展、旅游事业、城市形象及社会格局和牡丹文化的可持续发展产生了深远的影响。

设计总平面图

1	
2	3

1. 东大门夜景
2. 衍秀湖上丹荷廊
3. 金牡丹台

淄博

Zibo

在鲁中大地上，镶嵌着一颗璀璨的明珠，这就是被称作"齐国故都"、"石化之城"、"陶瓷之都"、"丝绸之乡"、"聊斋故里"、"足球运动"发源地的淄博。

淄博市位于山东中部，北临黄河，南连泰山，东接潍坊，西靠济南，距渤海湾、黄河入海口约50km。淄博地处暖温带半湿润半干旱的季风气候区，四季分明，辖五区、三县，总面积5938km^2，截止2008年底总人口419.6万人。淄博是国务院批准的"较大的市"和山东半岛经济开放区城市，1992年跨入全国经济实力50强城市行列，2008年全市国内生产总值达1945亿元，实现地方财政收入114.69亿元。

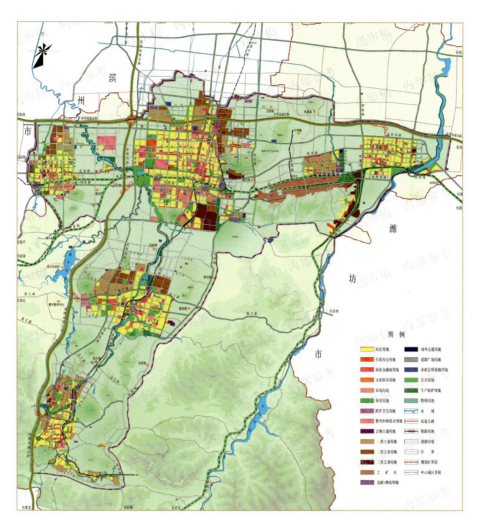

　　淄博历史悠久、文化灿烂，是齐文化的发祥地。西周建立后，姜尚封齐，开创"泱泱大风"的齐国文化。春秋战国时期，成为"春秋五霸之首，战国七雄之冠"的齐国都城长达800年之久。淄博历史上人才辈出，齐桓公、管仲、房玄龄、邹忌、扁鹊、蒲松龄等名字足以震烁千古。坚实浑厚的齐文化，使淄博成为一个积淀深厚、名副其实的文化旅游之都。2001年淄博跻身中国优秀旅游城市行列。

　　淄博的城市形态独具特色。张店、博山、淄川、周村、临淄五个区呈T字形分布，五个城区各相距20km左右，城乡交错，形成组群。这种形态有利于促进城乡一体化，缩小城乡差别，有利于发展生产，方便生活，淄博因此而成为世界大城市协会的会员。1986年，参加了联合国在西班牙巴塞罗那召开的人口与城市未来会议；1990年又出席了在澳大利亚墨尔本召开的第三届世界大城市会议。

　　淄博城市规划编制大致经历了五次大的变化。1957年淄博市第一次编制城市总体规划，至1960年先后编制了博山、张店、周村和淄洪的总体规划。当时各区编制的总体规划相对独立，尚未作为一个城市整体编制城市总体规划。20世纪70年代再次进行总体规划，1979年开始编制全市（五个区）的总体规划，1981年完成，1984年批复。1987年对1979年版规划进行修订，1988年下半年完成，1989年市人大常务会议审议通过后颁布实施。1994年开始重新编制城市总体规划，1996年完成，此后广泛征求了各界意见，并进行了认真细致的修改，1998年11月省政府审查通过，2000年6月14日国务院以国函[2000]74号文批复。

　　根据建设部《关于淄博市城市总体规划修编工作有关问题的函》（建规函[2006]82号）的要求，开展了《淄博市城市总体规划（2006～2020）》修编工作，目前规划成果已上报山东省政府。新的规划确定淄博的城市性质为山东省区域性中心城市、现代工业城市、历史文化名城。

中国陶瓷馆

　　淄博中国陶瓷馆2002年9月建成开馆，是目前国内规模最大、档次最高、展品最全的专业陶瓷馆，被确定为国家AAAA级旅游景点、全国工业旅游示范点、山东省关心下一代教育基地和淄博市爱国主义教育基地，其深厚的文化内涵和独特的艺术魅力日益赢得中外来宾青睐，被海内外誉为中国陶瓷第一馆。

　　淄博中国陶瓷馆座落于淄博市中心文化广场，由清华大学美术学院设计布展，总展销面积15000m²，由前言厅、序厅、古代厅、民俗厅、高技术厅、国际厅、名人名作馆、陶艺馆、刻瓷艺术馆、日用陶瓷馆、陶瓷经营部、陶瓷影像中心、陶吧等组成。馆内展品10000余件，展示了自8000年前新石器时代的后李文化至夏、商、周、秦、汉、南北朝、唐、宋、元、明、清、民国等各朝代文物500余件，展示了当代淄博、景德镇、宜兴、唐山、龙泉、德化、佛山等大师级艺术精品以及日用瓷、艺术瓷、园林瓷、高技术陶瓷9500余件，还展示了美国、英国、加拿大、韩国、日本等20多个国家和地区的陶瓷艺术品500余件。

1. 陶魂
2. 中国陶瓷馆外景
3. 中国陶瓷馆陶艺馆大型陶塑作品

邯郸
Handan

邯郸市位于河北省南端,西依太行山脉,东接华北平原,与晋、鲁、豫三省接壤,辖4区1市14县,总面积1.2万km²,其中市区面积419km²,总人口896.4万。邯郸历史悠久,文化灿烂,是中华文明的重要发祥地之一。邯郸是"八朝故都",被誉为"成语典故之乡"。至2008年底,市域常住人口876万人,城镇化水平为41%,城镇人口总量为356万人。

邯郸这座有着两千余年历史的文化名城，历经千年的风雨沧桑，在新中国成立前，一直经济萧条，城市建筑、市政公用设施简陋。1953年开始着手编制《邯郸市第一期城市总体规划》，1957年批复，拉开了邯郸城市建设的序幕。方案确定邯郸城市性质为轻纺织、造纸为主的轻工业城市，向北向东发展。此外，规划还就城市规模、城市范围、城市布局、道路系统等进行了规定，其独具特色、科学合理的用地布局为邯郸市经济建设和社会发展奠定了坚实的基础。

1978年，邯郸开始编制第二期《邯郸市城市总体规划方案》，对城市规模、布局等进行重新规划。1983年正式批准实施。本期规划确定城市性质为以轻纺、钢铁工业为主的工业城市；城市远期规划人口（2000年）50万，用地59km²；城市发展方向主要向滏阳河以东发展，适时向京广铁路以西插箭岭发展。二期规划在邯郸城市发展史上留下了浓墨重彩的一笔。

1995年，邯郸市再次修编第三期城市总体规划，2002年5月由国务院正式批复，规划的城区由邯郸市主城区、峰峰城区、马头镇区三部分组成。规划期末城区总人口138万人，建设用地129.7km²。它的实施，对于城市建设起到了重要的指导和促进作用，城市规模不断扩大，载体功能显著增强，布局日趋合理，环境明显改观，城市建设驶上了加速发展的快车道。

进入新世纪后，为了适应城市化快速发展和城市建设的需要，邯郸于2004年完成了《邯郸市城市空间发展战略研究》，并于2006年12月之后启动了第四期总体规划修编，至2008年12月29日，河北省政府常务会已审议通过并报国务院审批。本次规划确定城市性质为：国家历史文化名城，冀晋鲁豫接壤地区中心城市。到规划期末（2020年），中心城区人口220万人，建设用地209km²。发展方向为"东部发展新区、西部发展工业区、南北适当发展"，马头城区发展方向为"重点向西、向南扩展，向东、向北控制发展"。总体空间布局为"一城、双核、四组团"，在市域城镇空间结构上，形成"一个都市区、两条城镇发展主轴线"的空间格局。

目前，在城市总体规划的基础上，邯郸正以健全完善城市规划编制、技术标准和导则、政策法规和管理办法"三个体系"为重点，加大经费投入，加快规划编制，实施集中攻坚，邯郸城乡规划工作正踏着"三年大变样"的强劲节拍，向着四省接壤中心城市这一更高的目标迈进。一个环境优美、交通便捷、宜居宜业的现代化都市正越来越清晰地呈现在世人面前，规划工作将以崭新的姿态，为邯郸更加美好的明天描绘宏伟蓝图。

1	1. 丛台总平面
2	2. 七贤祠
3	3. 中华大街
4	4. 中华大街（新建）

1	3
2	4

1. 望诸榭
2. 武灵丛台1
3. 武灵丛台2
4. 武灵丛台3

丛台公园

占地面积 24.7hm²

丛台公园位于邯郸市中心地段，始建于1939年，面积2.7hm²，原名为邯郸县公园。1953年开始改造扩建，改名为丛台公园。现在总面积为24.7hm²。它是以武灵丛台为中心，以古赵历史文化为特色的古典园林，集文物古迹、植物观赏、儿童游乐为一体的综合性市级公园。

园内现有2300多年历史的武灵丛台，为春秋战国时期赵国的赵武灵王观看军事操练和歌舞的台式建筑，台上建有武灵旧馆、回澜亭并保留刻有清代乾隆帝、近代郭沫若诗碑等历个朝代的名人字画。台下建有为纪念战国时期一代名将乐毅的"望诸榭"和程婴、赵奢等三忠四贤的"七贤祠"及碑林。

丛台公园经过历年的建设与发展，形成了市内中心区域独具特色的园林景观。古赵丛台雄伟壮观，园林植物花繁叶茂。园内建有百花园、盆景园、牡丹园、月季园等多处观赏游览区。2006年被国家旅游局定为4A级旅游景区，2008年评定为国家第二批重点公园，每年都吸引着大量的中外游客前来参观游览。

1. 龙湖公园南门鸟瞰
2. 龙湖公园水景
3. 龙湖公园荷花

龙湖公园

占地面积   41.7hm²

　　龙湖公园南临人民路，东临滏东街，北依丛台路，西靠滏阳河，面积41.7hm²，是一座以植物造景为主、体现自然园林景观，具有现代风格，以"水林景色"为特色、集休闲娱乐于一体的开放式生态休憩公园。

　　龙湖公园设计上在延续邯郸历史文脉的同时，融入了现代园林景观设计理念和思想，并充分考虑了人的休闲娱乐空间，将各种水体景观的组合作为公园最突出的特色。湖面采用"一池三山"的总体布局，力求通过绿化与水体的有机融合，使水体景观与园林艺术交相辉映，并结合沿河自然景观和园林小品、建筑，形成水林相映、林景相依、人与自然和谐相处的园林景观。

　　龙湖公园于2004年11月18日破土动工，2006年9月28日建成，并向游人开放。

苏州 Suzhou

苏州是闻名遐迩的鱼米之乡、丝绸之府，素有"人间天堂"之美誉。

苏州下辖张家港市、常熟市、太仓市、昆山市、吴江市，吴中区、相城区、平江区、沧浪区、金阊区，以及苏州工业园区和苏州高新区、虎丘区，全市面积8488km^2，其中市区面积1650km^2。2008年末全市户籍总人口629.75万人，其中市区238.21万人。

苏州古城坐落在水网之中，街道依河而建，水陆并行；建筑临水而造，前巷后河，形成"小桥、流水、人家"的独特风貌。集建筑、山水、花木、雕刻、书画等于一体的苏州园林，是人类文明的瑰宝奇葩。拙政园和留园列入中国四大名园，并同网师园、环秀山庄与沧浪亭、狮子林、艺圃、耦园、退思园等9个古典园林，分别于1997年12月和2000年11月被联合国教科文组织列入《世界遗产名录》。

公元前514年，吴王阖闾在苏州筑城，小桥、小巷、小街构成"小苏州"，苏州城市格局由此形成。1949年4月27日苏州解放，正式设立苏州市。1983年3月，苏州地区与苏州市合并，实行市带县的行政体制，一市领五县一市，奠定苏州大市的总体格局。

1986年，苏州制定了第一个城市总体规划，确定城市性质为"我国重要的历史文化名城和风景旅游城市"，建设方向是在保护好古城风貌和优秀历史文化的同时，加强旧城基础设施的改造，积极建设新区，发展小城镇，努力把苏州建设成为环境优美、具有江南水乡特色的现代化城市。

2000年1月10日，苏州市第二个城市总体规划获国务院批准。规划确定苏州市是国家历史文化名城和重要的风景旅游城市，是长江三角洲重要的中心城市之一，发展目标是在规划期内苏州全市域基本实现农业、工业、科技、教育现代化，经济繁荣，文教科技发达，人民生活富裕，道德风尚良好，城镇体系与城市布局合理，职能完善。苏州中心城城市设施水平达到基本现代化，古城风貌得到进一步保护与发扬，成为与国际经济接轨、高度开放、经济发达、国际上知名的历史文化名城和风景旅游城市。城市规划区范围面积2014.7km²。人口规模：近期为128.1万人，远期为185万人。用地规模：近期为134.4km²，远期为186.9km²。城市布局结构形态采用"组团式"布局，由城市组团，山脉、河湖、大块绿地组成完整的自然空间。各组团相对独立、集中发展，相互间以干道相串联，形成整体的组团分明、多中心、开敞的布局形态。

2007年，苏州第三个城市总体规划——《苏州市城市总体规划》（2007～2020年）编制完成。《规划》把苏州中心城区面积扩大到599km²，其中古城区面积从千年不变的14.2km²增加到22.63km²，新增了"二线"和"三片"，即山塘线和上塘线，以及虎丘片、留园片和寒山片，把平江府城以外的精彩历史遗存也保护了起来。规划贯穿了建设与保护并举、创新与传承兼顾的理念，对古城一砖一瓦的微观保护进行"精雕细刻"。

2007年出炉的第三个城市总体规划，拉开了苏州"大城时代"的开场锣。古色古香的街坊、精巧雅致的园林，"小桥流水人家"的江南风韵，构成了人们脑海中传统的"苏州印象"。而今天，这座千年古城正在经历前所未有的巨变。

1	1. 拙政园
2	2. 沧浪亭
3	3. 狮子林

苏州古典园林保护

苏州是我国乃至世界著名的园林旅游城市。近千年来，保存完好的古典园林60余座。1997年和2000年，拙政园、留园、网师园、环秀山庄、沧浪亭、狮子林、艺圃、耦园、退思园分别被列入《世界遗产名录》，苏州由此成为我国世界文化遗产单位最多的城市。

苏州古典园林始建于春秋战国，发展于唐宋，全盛于明清。清末时，城内有园林170多处，为苏州赢得了"园林之城"的美誉。苏州园林面积小，采用小中见大、曲径通幽、虚实相映等多种艺术创作手法，以"天人合一、和谐共荣"的理念，以唐宋诗词的诗情、文人写意山水花鸟的画意，在有限的空间内巧夺天工，创造出"虽由人作，宛自天开"的宋元明清四个朝代的代表作——沧浪亭、狮子林、拙政园、留园。

解放前，战乱不断、社会动荡，苏州园林破败不堪。解放后，苏州园林经过两次大规模的整修，分别是20世纪50年代中后期和60年代中期，再次是申报世界文化遗产以来。期间，先后颁布了《苏州园林保护管理条例》、《苏州古树名木保护条例》等4部法规，苏州园林走上了依法保护、科学管理的轨道。

留园

1. 20世纪50年代修复前的曲谿楼
（图片由留园管理处提供）
2. 拙政园中部
（图片由苏州市园林档案馆提供）
3. 历史上的狮子林中部景观
（图片由苏州市园林档案馆提供）
4. 20世纪50年代的沧浪亭外景
（图片由苏州市世界遗产保护办公室提供）

1
2

1. 网师园
2. 艺圃

1	2
3	

1. 退思园
2. 环秀山庄
3. 耦园

虎丘山风景名胜区

　　虎丘是苏州2500年古城的象征,誉为"吴中第一名胜",也是苏州的"城市客厅",是全国著名的风景名胜区,历史悠久,人文景观丰富。虎丘塔又名云岩寺塔,是中国第一斜塔。宋代大文豪苏东坡曰:"到苏州不游虎丘乃憾事也!"虎丘核心景区占地面积20hm²,规划面积100hm²。春秋五霸之一的吴王阖闾在此建行宫,相传其子夫差葬其父于剑池,葬后三日,有"白虎踞其上,故名虎丘"。山高仅30m,却山势雄奇,山景幽绝,故有"三绝"、"九宜"、"十八景"之说,更有深山藏古寺的幽静。春来夏往,四时不同景。现存的虎丘塔建于五代十国,已是千年古塔,高47.70m,塔体重6000t,塔顶向东北方向偏离中心点2.34m。解放前,塔已破损严重,岌岌可危,20世纪50年代和80年代两次大修虎丘塔。今天,秀丽的虎丘塔巍然屹立在虎丘山巅,见证着苏州的昨天、今天和明天。

剑池

1	
2	3

1. 千人石
2. 修复前的虎丘二仙亭、剑池、"别有洞天"
（图片由苏州市园林档案馆提供）
3. 修复前的虎丘塔
（图片由苏州市园林档案馆提供）

园林博物馆新馆黄石叠山小品

苏州园林博物馆新馆

设计单位	南京大学建筑规划设计研究院
施工单位	苏州园林发展股份有限公司（土建）　苏州金鼎建筑装饰工程有限公司（室内装饰）
投资规模	约6千万
竣工日期	2007年12月4日
占地面积	3205m²

　　苏州园林博物馆是我国惟一的一座园林专题博物馆，老馆建于1992年，利用拙政园南部的李宅房屋布展，现在开放的新馆于2007年底竣工。新馆利用沿街80余m长的破旧店面和老宅，采用局部保留、旧房危房拆迁重建的办法，使新馆与老馆有机结合，融为一体，相得益彰。全馆共有五个展厅，即序厅、园林历史厅、园林艺术厅、园林文化厅、园林传承厅。五个展厅以历代名园为例，向游人展示苏州古典园林的丰厚内涵和艺术魅力。与老馆相比，新馆尽可能地增加了实物的展示，如造园工具、陈设家具、建筑构件、园林小品等。园林博物馆新馆的落成开放既是苏州古典园林列入《世界遗产名录》10周年的重要献礼，也进一步充实、丰富了苏州博物馆群落。

1
2	3

1. 园林博物馆新馆建筑厅
2. 园林博物馆新馆外景
3. 园林博物馆新馆展馆内景

汕头

Shantou

汕头位于广东省东部,濒临南海,毗邻港澳,与台湾隔海相望,素有"岭东门户,华南要冲"之称,是北回归线上的一颗明珠。汕头市下辖六区和一县,市域面积2064km^2。

　　1861年，汕头正式列为通商口岸。此后，商贸海运迅速发展，成为闽粤赣货物主要集散地、全国重要的海港城市。20世纪30年代，港口吞吐量仅次上海、广州，居全国第三位，商贸之盛居全国第七位。汕头是早期潮人出洋谋生、经商的港口，形成了汕头商贸与侨乡的优势。新中国成立以后，汕头一直是粤东的中心城市。1981年11月，汕头设立经济特区，城市功能由商贸海运向多元化发展，城市整体空间格局基本形成。

　　改革开放近30年来，汕头城市发生了巨大的变化，综合实力显著增强。2007年末，全市总人口500.82万人，其中市区人口493.58万人；汕头市2007年GDP为850.15亿，人均GDP1.7万元；市区建设用地168.48km^2，人均公共绿地为12.9m^2；中心城区人均住房面积27.45m^2。

　　汕头市的城市总体规划大致经历了五次大的修编。

　　1922年，汕头市政厅组织编制了《市政改造计划》，以侨资为主体进行城市建设，采用放射环形路网格局，出现了不少骑楼式和中西合璧风貌的多层建筑，在小公园附近逐渐形成为汕头市区繁华的商业中心区。

　　1958年的《汕头市初步规划说明书》提出加快工业发展的步伐，将汕头市建成"现代化的工业城市和具有一定规模的海港城市"及"国防城市"。

　　1978年汕头市编制完成了《汕头市8年规划设想》，把汕头市城市性质，定为"社会主义轻工业海港城市"，提出"六五"期间人口由34万发展到36万，用地由6.7km^{2}发展到10.5km^2，还提出逐步发展鮀浦、岩石2个小城镇和扩展达濠镇的设想。

　　1988年批准实施的《汕头市区城市建设总体规划（1988～2010年）》确定城市性质是以发展外贸经济和外向型工业为主导的海港城市、粤东地区的中心城市，主要城市职能是华南地区新兴的主要出海口之一、广东省的能源中转港之一、大型石油化工项目的生产基地、传统的出口外贸加工基地，总体布局北岸采用指状伸展式与组团式相结合的形式，南岸采用分散组团式布局形式。这为汕头市区后来的城市建设打下了坚实基础。

　　1992年版城市总体规划（1992～2010年）确定汕头市的城市性质为粤东地区的中心城市，外向型工业和高新技术产业发达，第三产业繁荣，多功能、现代化的港口城市，具有国际影响的经济特区，总体布局形成一市两城、中间为水域和风景区的城市结构。92年版总规主要解决了汕头市从一个中等城市发展到大城市，从两块小特区发展到一个大特区过程中的空间布局问题，扭转了大城市规模与小城市格局的不合理状况。

　　近年来，汕头提出东部城市经济带、工业经济带和生态经济带三大经济带的发展战略，强调扩大城市发展空间，促进产业集聚，推动汕头实现振兴和崛起，是汕头未来产业发展和城市空间拓展的重要载体和基本架构，也是提高汕头城市和产业综合竞争力的战略举措。

　　汕头，这个昔日因港而兴的百载商埠、国家经济特区、粤东区域性中心城市，将以三大经济带的规划建设为契机，再创新辉煌！

汕头市委办公楼

市委办公大楼

建筑设计　　郭怡昌
建筑施工　　广东省第二建筑工程公司

　　市委办公大楼位于海滨路北侧，东邻迎宾馆，南临汕头港湾，与岩石风景区隔海相望。

　　在这块东西窄、南北深的地块内，办公大楼沿海滨路退让90m，形成一片开阔的广场。浅蓝色反射玻璃镶嵌于精心设计的凹凸窗之上，产生强烈的光影效果和韵律，加上杏色平凸面砖饰面墙的映衬，倍添精雕细琢之感。该设计于1995年获建设部优秀设计二等奖，1996年获中国建筑学会建筑创作奖，1997年获全国第七届优秀工程设计铜质奖。

办公楼会议中心大会议厅

潮汕星河馆

建筑设计　汕头市第二建筑设计院
建筑施工　汕头市龙华建筑总公司

潮汕星河馆将"巧以求新、优以求省"的理念贯穿建设全过程。简洁的椭圆体量，流畅的水平线加上精心设置的凹口，使建筑富有韵律感又不单调，收放自如；在外围护结构的设计上，则率先采用"Low-E中空玻璃"节能外窗，为汕头建筑实施节能减排做出有益的探索。

金海湾大酒店

建筑设计	佘畯南
建筑施工	广东省第二建筑工程公司

金海湾大酒店设计采用圆形几何体进行体量的裁剪和组合,弧面主楼和圆形裙楼加上精致竖向立面分割,共同构成一幅美轮美奂的"扬帆起航"图景。室内入口大堂和下沉式中庭广场的结合,加上透明光棚引进的"蓝天白云",把室内外空间的流动和互相渗透表现得淋漓尽致。

图书馆新馆

建筑设计	汕头市建筑设计院
建筑施工	广东省第二建筑工程公司

该项目由香港著名企业家林百欣伉俪捐资兴建。建筑设计采用适应本地气候特点的中庭式布局,色彩浓郁,体型丰富,是一座具有现代管理模式的图书信息中心。

阳光海岸

建筑设计　　汕头市建筑设计院
建筑施工　　汕头市龙光建设有限公司

　　阳光海岸是目前粤东地区惟一的超大型活水生活社区，以"国家级健康生态住宅区"的标准进行整体规划设计，总建筑面积约70万m^2，共3160户。整个小区分为六个组团，包括条型小高层、圆形高层、别墅、拥景洋房、花园洋房等。小区内各类配套一应俱全，引水景贯穿整个小区，营造出湖海生活境界。

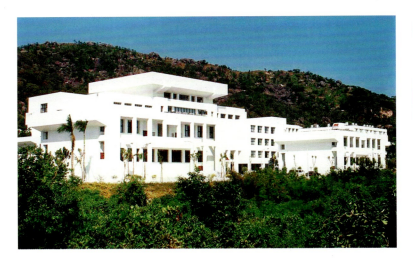

汕头大学

建筑设计 香港伍振民刘荣广建筑师事务所
　　　　　新图书馆由台湾十月设计公司设计
建筑施工 广东省第二建筑工程公司
　　　　　新图书馆由汕头市建安（集团）公司承建

　　汕头大学由香港著名实业家李嘉诚先生捐建，是目前粤东地区惟一一所"211工程"的综合性大学，被誉为"高校的建筑之花"。

　　校园依山傍水，建筑风格清新优雅，人文气息浓郁。开放的校区规划与全天候的建筑连体设计彰显新时代高校建筑的内涵。著名艺术大师朱铭设计的《人间系列》雕塑，更为校园倍添风采。

中信海滨花园

建筑设计　汕头市建筑设计院
建筑施工　汕头市达濠市政建设有限公司
　　　　　　广东省第二建筑工程公司
　　　　　　中建二局汕头建筑工程公司

　　中信海滨花园是汕头首次引入欧陆建筑风格创造的"海滨花园建设模式"和"海滨花园生活方式"的住宅小区，成为20世纪90年代汕头住宅产品更新换代的历史性标志。小区建筑共39幢，建筑面积达156880m^2。设计以"园中园"为主题，强调人与环境的和谐统一，突出以人为核心的设计原则，获1999年度广东省优秀设计一等奖。

海滨路

　　海滨路市政综合改造工程西起利安路，东至华侨公园，全长约5000m，宽31～35m。该工程充分贯彻"以人为本、生态优先、文化为要、品质至上"的理念，集"五大功能"为一体，改变了以往市政道路改造局限于单一交通功能的状况，形成了具有地方特色的市政道路改造模式。海滨路市政改造工程赋予的五大功能：

　　一是拓宽改造功能。双向4车道拓宽为双向6车道、8车道，通行能力明显加强，构建起畅通、快速的环内海湾交通系统。

　　二是排涝功能。通过敷设雨污合流干管，建设排水泵站，使下大雨、低潮位时，雨水直排入海；下大雨、高潮位时，通过排水泵房提升后强排入海，确保不造成内涝。

　　三是排污功能。逢晴天及下小雨时，污水经污水泵房提升后送至龙珠水质净化厂，经过净化处理后排放；下大雨、低潮位时，则将污水直排入海；遇下大雨、高潮位时，则将污水送至排水泵房提升后强排入海。

　　四是减灾防灾功能。把原来按50年一遇设计的海堤改为按100年一遇允许越浪的标准建设。

　　五是景观功能。高起点、高标准、大思路、大手笔建设灯光、绿化、景观小品、雕塑工程，并充分考虑亲水、通透的要求，通过设置亲水平台，使之更为"临海"、"亲海"，满足滨海休闲观光的需要。

1	2
	3

1. 海滨路1
2. 海滨长廊
3. 海滨路2

秦皇岛
Qinhuangdao

秦皇岛地处河北省东北部,南濒渤海,北依燕山,西近京津,东临辽宁。1948年12月秦皇岛解放,正式成立中共秦榆市委(设在山海关)。1949年3月改为秦皇岛市,属唐山地区行政专员公署管辖,专署驻地设在昌黎县城。1981年5月,秦皇岛市、抚宁县、昌黎县、卢龙县恢复原建制,秦皇岛市辖海港、北戴河、山海关三个区,市县均属河北省唐山专区。1983年5月,唐山地区撤销,实行市管县体制,卢龙县、昌黎县、抚宁县、青龙县划归秦皇岛市管辖。1984年4月,秦皇岛市被国务院确定为中国进一步开放的14个沿海城市之一。1987年5月,经国务院批准,正式成立青龙满族自治县。

现秦皇岛下辖海港、北戴河、山海关3个城区和抚宁、昌黎、卢龙、青龙满族自治县4个县，总面积7812.4km²，人口285.85万人。北戴河、海港区和山海关区沿海岸线由南向北一线展开，呈带状组团群分布，相互独立，又相互依托，将山、海、关、城、港的城市特色有机组合、完美呈现，素有"渤海明珠"、"京津后花园"之称，是中国首批优秀旅游城市和2008年北京奥运会足球分赛承办城市之一。

秦皇岛的城市园林绿化建设一直受到高度重视，尤其是进入20世纪90年代以来，秦皇岛市坚持和落实科学发展观，牢固树立"园林式、生态型、现代化滨海城市"的城市发展定位，针对城区间绿化发展不平衡、公共绿地少等问题，以大环境建设为基础，以公共绿地建设为重点，以沿河、沿海、沿路绿量提升为特色，以小区、单位庭院绿化为依托，相继开展了绿化美化年活动、创建全国绿化模范城市活动、城镇面貌三年大变样绿化建设等一系列的城市园林绿化建设活动。1999年，秦皇岛市荣获"国家园林城市"称号，2007年荣获"全国绿化模范城市"称号。通过规划建绿、项目带动、绿量提升，稳步打造"宜居宜业宜游、富庶文明和谐"新秦皇岛。2008年底，秦皇岛市建成区绿地率达到38.5%，绿化覆盖率45.5%，人均公共绿地13.5m²，城市中心区人均公共绿地6.8m²。

1	
2	3

1. 汤河带状公园1
2. 汤河带状公园2
3. 绿化环境综合整治工程

关 城

　　山海关是秦皇岛市主城区之一，古称榆关，也作渝关，又名临闾关，明朝洪武十四年（1381年），中山王徐达奉命修永平、界岭等关，在此创建山海关，因其倚山连海，故得名山海关。有"万里长城东起第一关"之称的山海关古城由关城、东西两罗城和南北两翼城组成。

　　为还原历史，更深入地展现古城文化，2003年，山海关启动实施了一系列古城保护开发工程，按《山海关历史文化名城保护规划》拆除长城沿线、古城周围企事业单位、居民户共6.15万㎡，规划建设环城公园19.6万㎡。历经六年，山海关古城的保护性开发工作取得重要进展，现6000m长城本体修复项目与四条大街街景整治工程主要部分已经完成，文物修复项目续建工程大部分接近尾声，已完成公园建设4.4万㎡，明清两代的山海关古城历史风貌得到基本展现。开发复原后的山海关古城将成为中国最完整的长城体系古城，也将成为最具潜力的旅游古城之一。

1. 山海关1
2. 山海关2

1. 老龙头1
2. 老龙头2

老龙头

老龙头是明万里长城的东部起点,也是万里长城惟一集山、海、关、城于一体的海、陆军事防御建筑体系。老龙头景区占地600亩,由宁海城、滨海长城、澄海楼、南海口关、靖卤台、入海石城、海神庙等重要景点组成,形成"城关楼台碑庙宫、署堂宅祠阵室营、碾磨锅锚厩牢井、园林滩海桥牌亭"28处景观。1961年被国务院确立为全国重点文物保护单位。2003年以来按照国家风景名胜区综合整治工作要求,山海关对景区环境进行了综合整治,提升景区品位。完善景区标志标牌,建立、理顺管理机构,以长城沿线和海岸线整治为重点,拆除不符合规划的建筑物、构筑物,规范游览设施,修建了沿海景观带,改善了景区环境。

1. 汤河带状公园1
2. 汤河带状公园2
3. 汤河带状公园3

汤河带状公园

规划设计	中国风景园林规划设计院（一期） 北京土人景观与建筑规划设计研究院和 北京大学景观设计学研究院（二期）
建设单位	秦皇岛市北戴河园林绿化工程公司 市政园林绿化工程有限公司

大汤河位于秦皇岛市海港区和市经济技术开发区之间，是流经市区最重要的一条河流。建设前，河道内外遍布各种垃圾，岸边建有许多临违建筑，环境恶劣。2002年开始对河岸环境进行改造。

大汤河带状公园全长4.1km²，沿河呈带状分布，2002年、2006年分二期建设完成。一期规划建设总面积16.8万m²。2006年度荣获建设部颁发的中国人居环境范例奖。二期总面积约20.66万m²，工程将河流廊道的自然过程和城市居民对它的功能需求较好地结合起来，在严格保护原有水域、湿地和现有植被的基础上，增设自行车道和步行道与城市道路系统相联系，创造性建设了具有座椅、照明设施、植物标本展示廊、科普展示廊、标识等多种功能的红色玻璃钢线性建筑，宛若一条"红飘带"蜿蜒流淌在绿树林间。二期工程2006年7月完工。

公园建成后，其独特的设计风格吸引了国内外各界的关注，项目设计单位因此获得全球景观设计界最具影响力的美国景观设计师协会年度专业设计荣誉奖。2008年，汤河二期标志性建筑"红飘带"入选"世界新七大奇迹"之一。

北戴河绿化环境综合整治工程

北戴河地处河北省秦皇岛市中心的西部，海岸线绵长，沙软潮平，是优良的天然海水浴场。清光绪二十四年(1898年)，清政府将北戴河海滨开辟为"各国人士避暑地"，到1938年，这里建成了一个带有殖民地色彩的避暑佳地。

北戴河背靠联峰山，自然环境极为优美。在联峰山公园望海亭内俯瞰海滨，翠绿欲滴的丛林，鹅黄色绒毯般的沙滩，碧蓝的大海，使人心旷神怡，是国家九大观日胜地之一。

近年来，北戴河区不断强化"绿化＋文化"、"生态＋人文"的园林绿化理念，以"环境优区""环境强区"为战略，相继组织开展了"绿满北戴河工程"、"迎奥运、建名区"环境综合整治十大工程、"城镇面貌三年大变样绿化美化升级提档工程"。在扩绿增绿的同时，科学配置植物品种，强化色彩搭配，使城区内公园、游园、街头、主次干道、沿街单位庭院面貌焕然一新，打造了奥林匹克公园、平水桥游园、友谊园、六座楼园、联峰北路、沿海岸线等等一大批绿化景观靓点，城区绿化园艺水平和城市魅力得到全面提升。截至2008年底，建成区绿化覆盖率达到60.6%，绿地率56%，人均公共绿地29.5m^2。如今，北戴河优雅、从容、宜居、和谐的环境和氛围，吸引了大量鸟类驻足，被誉为"世界四大观鸟地之一"。

1. 绿化环境综合整治工程1
2. 绿化环境综合整治工程2
3. 绿化环境综合整治工程3

秦皇岛植物园

规划设计	北京土人景观与建筑规划设计研究院
占地面积	28.7hm²
投资规模	2.5亿元

　　秦皇岛植物园坐落于秦皇岛市中心城区海港区西北部，大汤河下游西岸，包括原汤河苗圃旧址及向北延伸至北环路部分。全园占地面积28.7hm²，总投资2.5亿元，整体分两期建设。一期工程为南部园区，于2007年8月下旬进场施工，2008年7月18日正式对外开放；二期工程为北部园区，于2008年10月15日正式开工建设，2009年8月建成开放。建设内容主要包括3个景观区域和2条贯穿展示带。

　　园区内树木成荫，景致怡人，植物展示打破了传统的单纯分科属的分区展示方法，以创新的植物展示方式让游人生动直观地了解到土壤、水分、阳光、温度对生长的影响，体验到在山区、平原、水边等不同环境下植物群落的变化，在了解植物形态发展的同时，品味植物独特的文化内涵，感受城市中生态技术的迅猛发展。特别是沿汤河西岸演示阳光与植物生长关系的白鹭亭犹如一行展翅的白鹭，与大汤河的潺潺流水、汤河东岸的红飘带遥相呼应，形成清新宜人、景色优美的游览环境，是坐落在汤河西岸的一颗绿色明珠。

秦皇岛植物园

1. 秦皇岛植物园1
2. 秦皇岛植物园2
3. 秦皇岛植物园3

1. 奥林匹克公园1
2. 奥林匹克公园2
3. 奥林匹克公园3
4. 奥林匹克公园4

奥林匹克公园

占地面积　17.33万m²

2004年4月，经国家体育总局，并征得第29届奥运会组委会同意，秦皇岛市为奥运会建设海滨大道并冠以"奥林匹克大道"名称。

北戴河区奥林匹克大道公园2005年5月1日竣工并启用，占地面积17.33万m²，建设公园的指导思想是：弘扬奥运精神，传承奥运文化，为居民和游客提供旅游观光、休闲娱乐、体育健身场所，以科技奥运、人文奥运、绿色奥运为设计理念，通过浮雕、雕像、喷泉、冠军手足印等多种形式展现奥运发展史，成为世人健身、娱乐、观赏的精神乐园。

奥林匹克浮雕墙作为人文奥运展示区，全长312.61m，均高2.7m，采取圆雕、高浮雕、中浮雕、低浮雕和线雕综合雕刻艺术手法，艺术再现了人类体育运动史、奥运发展史以及中国参加奥运会的历程。为衬托和点缀公园的整体形象，在公园的各个点（线）上安装58尊各种材质不同的运动项目的单体雕塑。园内设置冠军路一条，现已将45位冠军的手足印迹和签名制成铜质纪念柱列于道路两侧。为了举办庆典和大型群体性的娱乐活动，公园开辟有广场，高25m不锈钢主雕耸立于广场中央，巨大海鸥的造型，寓意奥林匹克不断进取、永不满足、不惧艰难和奋勇向上的精神，是"更高、更快、更强"奥运精神的写照。

1. 森林体育公园1
2. 森林体育公园2

森林体育公园

占地面积　22.44万m²
投资规模　5000多万元

　　森林体育公园坐落于秦皇岛开发区黄河道中段，占地22.44万m²，投资5000多万元。公园以2008年的奥运为主题，集聚多种体育健身和娱乐休闲功能，同时融入了森林、绿地、碧水、雕塑等园林景观设计理念，注重文化与环境的融合，创造了更加自然和谐的生物空间。

　　公园以人工湖为中心，错落有致地分布着入口区、娱乐区、健身区、休闲区、野营区、纪念林、过渡空间、湖光水色区、苗圃和办公区等十大功能区。园内湖区占地面积为28000m²，道路占地面积12593m²。公园中心广场占地6800m²，设有主体雕塑、花架、遮阳亭等设施，是儿童嬉戏、大众晨练的最佳场所；休闲广场占地9000m²，随着地形的变化，运用巧妙的高差处理、错层式的布局和独具匠心的景墙，为小群体与个体、动态与静态的不同活动提供了丰富的空间区域。射击馆占地面积17608m²，设有50m、25m、10m靶及10m移动靶等4个射击馆和1个露天飞碟靶场。

　　公园在注重功能特点的同时，巧妙塑造了各种绿色的特色空间，栽植滕本植物、宿根花卉及地被植物等各种绿色植物，森林绿地面积达152800m²，使人们在健身休闲的同时，充分享受自然与艺术的熏陶。浓厚的时代气息、清馨的自然风韵、绿色的环保效应和深刻的文化内涵，使得这里成为了人们体育竞技、健身休闲、避暑纳凉以及摄影留念的理想之地。

烟台

烟台市位于胶东半岛东部，是一座美丽的海滨城市。1948年烟台市解放后，城市建设逐步走向正轨。按照国家"城市建设为生产服务、为劳动人民生活服务"的方针，城市规划建设慢慢恢复、发展。1951年制定了《烟台旧区与开辟新区实施方案（草案）》，1957年春制定了《烟台城市总体规划方案》。1951年的规划是新中国成立后城市建设恢复时期编制的规划，1957年的规划是烟台市按照《城市规划编制办法》编制的第一次城市总体规划，规划注重于优先发展工业，城市公共、市政及绿化等重点工程建设也稳步推进。这一时期的城市建设主要以几项大型公共建设和市政基础设施建设为主，住房较少，仅约14万m²。

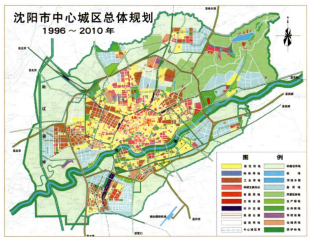

解放后的60年，尤其是改革开放以来，烟台市进入高速发展阶段，城市经济快速发展，城市面貌发生了翻天覆地的变化，市民居住条件和生活环境也大大改善。2008年全市生产总值完成3434.2亿元，人口规模176万人，城市建设用地185km²，人均住房面积27.77m²，人均绿地面积15.34m²。近几年，烟台市先后荣膺"全国文明城市"、"联合国人居奖"、"中国最佳魅力城市"、"中国投资金牌城市"、"国家园林城市"、"中国优秀旅游城市"称号，连续五次被评为全国社会治安综合治理优秀城市。

随着城市发展和规模扩大，由于用地条件限制，解放后烟台城区（芝罘区）就开始越过原有自然边界限制向周围扩散，经过半个多世纪的发展，近代烟台（芝罘区）由自然边界限定的双轴线城市空间网络结构已逐渐被21世纪之初的带形组团式城市结构所取代。

2006年烟台市政府组织编制了新一轮城市总体规划，在城市空间布局上，以芝罘滨海地带为中心，拓展东西两翼，贯通南北山海，形成"山耸城中，城随山转，海围城绕，城岛相映，融山、城、海、岛于一体"的城市格局。以天然河流、山体和永久性绿带分隔，形成芝罘、莱山、开发区、福山、牟平、八角等六大组团，构成多组团、多核心的滨海带状组团城市结构。规划2020年城市人口规模230万人，城市建设用地255km²。

展望未来，烟台必将在科学发展观的引领下，以更大的胸怀和气魄，放飞新的理想与希望，谱写更加灿烂辉煌的新篇章！

1. 滨海路一段1
2. 滨海北路之滨海广场
3. 滨海路一段2

滨海路路边广场小品

滨海路

  2000年以来，烟台进行了滨海路道路建设和绿化工程。滨海路建设是一项庞大的系统工程，既包括道路建设和绿化工程，也包括沿路景点建设、酒店建设、住宅建设、大学校园建设、体育场馆建设等，道路建设和绿化工程总投资达6亿多元。

  工程建设过程中，充分考虑了生态保护和可持续发展的问题，重视河流入海口湿地保护，注重道路绿化与原有海防林的融合衔接。2004年9月，横贯芝罘、莱山、牟平三区，全长约30km的滨海路全线通车。2005年5月，沿线绿化工程基本完工。

  滨海路的建设迅速带动了市区旅游观光、酒店业、教育、住宅开发等在滨海沿线的聚集，全面改善了滨海沿线居住环境，进一步提高了人与自然的和谐程度。

湛江

Zhanjiang

湛江位于中国大陆的最南端，是南海之滨的一颗璀璨明珠。全市总人口745万，陆域面积12471km^2，市区人口147.8万，陆域面积1460km^2。2008年，全市GDP总量为1048.66亿元，全部工业总产值为1307.68亿元，城市人均住房面积20.95m^2，人均公园绿地面积12.51m^2，城市建成区地面积85km^2，中心城区规划建设用地152km^2。

新中国城市规划建设60年
城市奇迹
MIRACLES OF CITY
CHINA'S URBAN PLANNING AND CONSTRUCTION IN 60 YEARS

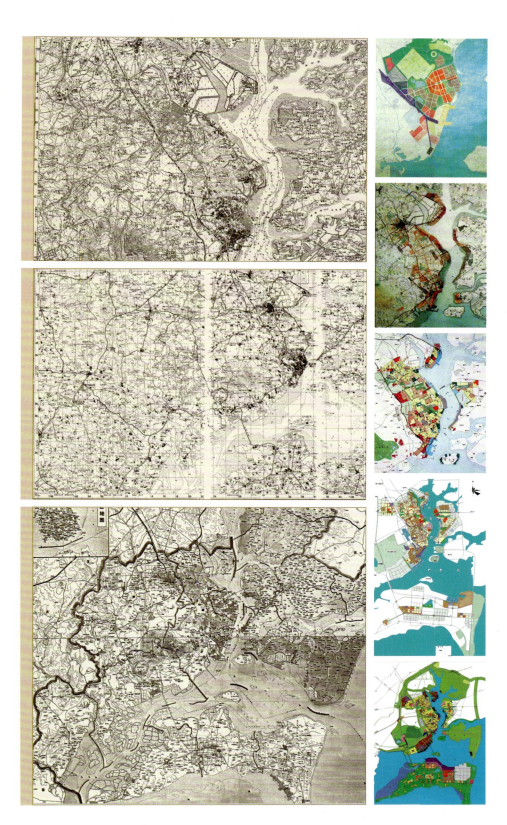

湛江发展历史悠久，远在4000年前的新石器时代中晚期（约夏、商之间），已有人居住。1899年，今市区范围被法国租借，名为广州湾，1943年，日本占领广州湾，1945年抗战胜利后，广州湾回归，以原范围划设市治，定名湛江市。1984年，湛江市被国务院定为我国首批对外开放的14个沿海城市之一。

湛江市是新中国成立后最早开始编制城市总体规划的城市之一。自1953年开始编制第一次城市总体规划以来，至今已进行了五次城市总体规划编制和修编。在历次城市总体规划指导下，经过五十多年的开发建设，湛江从一个小渔村发展成为一座大城市，成为一个美丽的海滨城市。在50年代中期，陆续建成了湛江港、黎湛铁路、湛江民航机场，湛江成为了海陆空交通齐全的我国南方重要港口城市、大西南地区的主要出海口，并获得"花园城市"的美誉。改革开放以来，湛江发展加快，特别是近年来，湛江大力实施"工业立市、以港兴市"战略，经济发展势头强劲，城市建设日新月异，城市建设成效显著，人居环境不断提升，基础设施和城市功能不断完善，城市竞争力日益增强。至21世纪初，湛江已发展成为一座粗具规模的美丽的南方热带海滨园林城市，先后获得"广东省文明城市"、"中国优秀旅游城市"、"国家园林城市"等称号，位居全国十大宜居城市第二位，正努力向建设成粤西城镇群中心、现代化新兴港口工业城市和美丽的南方海滨城市的目标迈进。

经济技术开发区中心区

湛江经济技术开发区（中心区）是1984年11月经国务院批准成立的首批14个沿海开放城市经济技术开发区之一，位于湛江市的城区中心，规划用地规模为13.7km²，规划人口规模为18万人。经过二十多年的开发建设，开发区至今已开发的面积为9.2km²，基本形成了石油化工、特种纸业、机电通信、纺织服装、生物医药、食品饮料、包装印刷、农海产品加工等产业为主的工业体系，累计完成工业总产值1200多亿元，已建设成为一座基础设施比较完善、环境优美、服务功能齐全和高新技术产业相对集中的工业新城，是湛江市的一个重要经济增长点和粤西地区极具发展活力的新型经济区域。

	1	
2	3	4

1. 开发区旅游码头效果图
2. 开发区滨海商圈
3. 开发区皇冠假日酒店
4. 开发区海滨效果图

1	
2	3
4	

1. 滨海区
2. 宜居之城
3. 滨海区观海长廊
4. 滨海区历史照片

霞山滨海居住区

　　湛江市霞山滨海居住区位于湛江市霞山区东部，由湛江市土地开发总公司填海开发建设，总面积1.25km²，项目1988年动工。经过20多年的建设，小区已成为湛江市的一个大型综合性的生活小区，滨海小区上的霞山观海长廊风光秀丽，美景醉人，已成为湛江著名的风景线和市民休闲娱乐的好场所。

湛江市霞山欧陆风情街区

  汉口路-东堤路-洪屋路片区位于湛江市霞山区东南部的沿海地段，清朝末年为法国殖民地租界及行政中心，20世纪90年代以前是城市繁华的商业黄金地段之一。随着城市快速发展，其市政设施和公共服务设施严重老化，急需进行改造和更新。为实施城市拓展与更新战略，将城市道路拓宽与历史街区保护有机结合，2009年，湛江市政府编制完成《湛江市霞山"欧陆风情街区"修建性详细规划》。规划区总面积约29hm²，发展定位为文化性、休闲性、游览性并存的特色地区，为湛江本地及外地旅游的高素质人群提供聚集和停留的场所，在功能上，形成历史肌理修复区、风貌肌理再造区两大片区和滨海景观带。

1	
2	3

1. 法国公使馆旧址
 （肖光洲摄影）
2. 欧陆风情街规划效果图
3. 广州湾东堤路一带
 （历史照片）

北海
Beihai

　　解放60年来，特别是改革开放以来，北海市城市园林绿化取得了巨大成果。改革开放初期的1981年（本年度开始有建成区绿地统计记录），北海市建成区绿地面积为134.8hm^2，绿化覆盖面积为166.4hm^2。到2008年末，北海市建成区绿地面积为1418.17hm^2，绿化覆盖面积为1671.3hm^2，比1981年分增加了1283.37hm^{2}和1504.9hm^2。北海市1998年获首批"广西园林城市"称号，1999年获"全国园林绿化先进城市"称号，2002年城市集绿化及生态建设获"中国人居环境范例奖"。

1. 北部湾广场1
2. 北部湾广场2

北部湾广场

　　北部湾广场位于北海市区中心的北部湾中路、四川路、长青路交汇点，始建于1985年12月，原广场面积为2hm²，1986年，根据规划在广场的北侧建成"南珠魂"雕塑，雕塑建设方案由我国著名雕塑家叶毓山教授设计。

　　1996~1997年，为适应城市发展的需要，市政府投资对北部湾广场进行了较大规模改造和扩建，广场的面积由原来的2hm²扩展到4.1hm²。扩建改造后的北部湾广场由"南珠魂"中心区、集会广场区、中轴线区、文化广场区、大草坪区等五个功能区组成，以"南珠魂"雕像为标志性建筑物的中心区为广场的核心功能区，以水池、喷泉、雕群和周围三个花坛对高大宏伟的"南珠魂"雕塑构成衬托，充分体现了南珠文化和地方特色，成为游人观赏城市风光的驻足点和广场的中心景观。

1. 北海银滩1
2. 北海银滩2
3. 北海银滩3

北海银滩

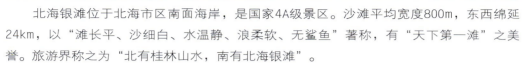

北海银滩位于北海市区南面海岸,是国家4A级景区。沙滩平均宽度800m,东西绵延24km,以"滩长平、沙细白、水温静、浪柔软、无鲨鱼"著称,有"天下第一滩"之美誉。旅游界称之为"北有桂林山水,南有北海银滩"。

2000年11月,北海市委、市政府为了把北海银滩这一中国王牌旅游景点建设得更好,使之成为世界级旅游景点,出重金在世界建筑设计行业征集银滩规划方案。通过国际招标,确定了"还滩于大海,还滩于自然,还滩于人民"的指导思想和坚持可持续发展、适度合理、高效建设北海银滩工作原则。2002年12月~2003年4月,对北海银滩中段实施了以生态保护为主要目标,包括恢复沙滩岸线的自然曲线形态、绿化美化及恢复自然植被、改善景观环境等内容的系列项目改造,拆除影响沙滩自然风貌的39幢建筑及围墙、混凝土防浪堤等共64处构筑物,种植了近24万m²的绿地和各类亚热带植物。2003年5月1日,项目改造基本完成并免费向游客开放,北海银滩以自然清新景观面貌、浓郁的亚热带滨海园林风光出现在世人面前。

威海
Weihai

威海位于山东半岛东端，北东南三面濒临黄海，北与辽东半岛相对，东及东南与朝鲜半岛和日本列岛隔海相望，西与烟台市接壤。辖荣成市、文登市、乳山市、环翠区、高技术产业开发区、经济技术开发区和工业新区，共设50个建制镇。海岸线长985.9km，总面积5698km^2，城市建成区面积228.68km^2，总人口252.23万。其中，市区面积769km^2、城市建成区面积120km^2、人口63.94万。2008年，全市地区生产总值（GDP）1780.35亿元，人均国内生产总值70749元，全年实现财政总收入180.63亿元。

全市实有房屋建筑面积7879.7万m^2，实有住宅建筑面积4370.5万m^2，城市居民人均住宅居住面积19.4m^2。全市现有公园40个，建成区绿化覆盖率45.29%，人均公园绿地面积21.36m^2。

自地级市成立以来，威海市立足环境优势，突出滨海特色，强化环保理念，坚持精品标准，高起点规划，高标准设计，高质量建设，高水平管理，先后经历了"狠抓旧城改造和环境卫生治理"、"加快城市绿化建设和开发区建设"、"以内涵式建设为主，注重精品工程建设和人居环境建设"、"建设世界精品城市"四个发展阶段，形成了"碧海蓝天，红瓦绿树，中西合璧，错落有致"的城市风格和"山在城中，城在海中，楼在林中，人在绿中"的生态格局。先后荣获了"国家卫生城市"、"国家园林城市"、"中国优秀旅游城市"、"中国人居环境奖"、"联合国人居奖"、"全国节水型城市"等荣誉称号。

威海公园

威海公园位于市中心区南部,北起四方路、南到平度路,面向威海湾,距刘公岛约5km,总长3218.6m,总面积67.6万m²,总投资2.5亿元。1999年11月开工建设,2001年6月1日正式对游人开放。公园以碧海蓝天为背景,以海洋文化为主题,由北向南延海岸线的带状区域依次分布海伢、海恋、文化广场、海颂、海慧5个主题景区,有《海的颂歌》、《画中画》等若干大小雕塑。公园栽植乔木近40种、7万棵,栽植灌木近30种、400余万株,绿地面积36.1万m²。整个公园绿树成荫,花团锦簇,大海、树林、绿地、鲜花、雕塑、山石、建筑有机结合,相互辉映,构成了一幅优美的生态海滨城市画卷。

幸福公园

  幸福公园位于市中心区,海滨路东侧,北起体育路,南至金线顶,全长1566m,平均宽度138m,占地面积约20hm^2,投资2.9亿元,工程自2005年3月开工,2006年10月投入使用。公园按照"增强城市的综合载体服务功能,凸现滨海岸线的旖旎风光,渗透人文历史的深厚内涵,打造城市形象的靓丽窗口,优化对外开放的良好环境"的总体设计思路是,自北向南分为海韵、海阅、海赋、海情、海翔等5大景区,建有护岸、防汛、绿化、雕塑、光亮、公共服务等设施,成为集旅游、休闲、商业、餐饮、娱乐为一体的综合性开放式公园。

1. 幸福公园幸福门
2. 幸福公园1
3. 幸福公园2

刘公岛景区

刘公岛景区位于威海湾口,距市区旅游码头3.9km(最近距离至合庆2.8km),属于国家重点风景名胜区——胶东半岛海滨风景名胜区的重要组成部分,也是全国惟一的"海上森林公园"。刘公岛东西长4.08km,南北最宽处1.5km、最窄处0.06km,海岸线长14.95km,面积3.15km^2,最高处旗顶山海拔153.5m,刘公岛作为甲午海战遗址、北洋水师提督署所在地,集国家森里公园、全国文明风景名胜区和全国爱国主义教育基地于一体,每年都吸引数百万游人前来参观。刘公岛国家森林公园建成于1992年,占刘公岛总面积的74%,公园内不仅有6座清朝时期古炮台,还有北洋海军忠魂碑、刘公像、刘公亭、动物园、观海楼、五花石、梅花鹿园、板疆、钓鱼台、听涛亭等20多处自然景观。

1. 刘公岛1
2. 刘公岛2

1. 悦海公园1
2. 悦海公园2

悦海公园

　　悦海公园位于威海公园南，海上公园北，海滨路以东，东与刘公岛隔海相望，西侧与建设中的悦海花园小区相邻，地块形状呈陆地向海面延伸的一个半岛状，南北长1.3km，东西向最宽处150m，占地面积13.98km²，其中公园占地面积约13km²，绿化面积8.84万m²，绿地率67.7%。总投资1.88亿元，公园于2008年7月正式竣工并对外开放，公园设计以休闲、健身、家园为设计主题，自北向南分为休闲运动区、主广场中心区、科普游憩区及海上游乐区。为广大市民和游客提供了一处优美、整洁、舒适的标志性开放空间，成为市区海岸线又一处生态化亮点区域。

扬州

Yangzzhou

扬州位于江苏省中部、运河与长江交汇处的长江中下游江淮冲积平原。扬州是具有近2500年历史的通史式城市，几度繁华的历史创造了灿烂的地方文化，唐、宋、明清古城遗址、历史街区、盐商园林、官员宅第、牌坊教堂等历史建筑以及流传下来的无数古代名人诗词、书法绘画作品等都是扬州历史的见证，同时也是扬州地方文化的载体，这些历史积淀塑造了扬州独特的城市气质和文化氛围。

新中国城市规划建设 60 年
城市奇迹
MIRACLES OF CITY
CHINA'S URBAN PLANNING AND CONSTRUCTION IN 60 YEARS

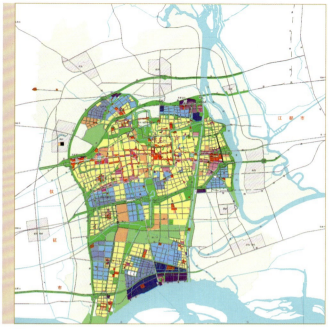

2002

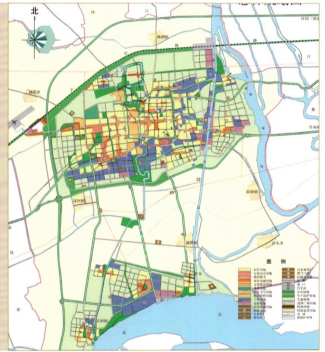

1995

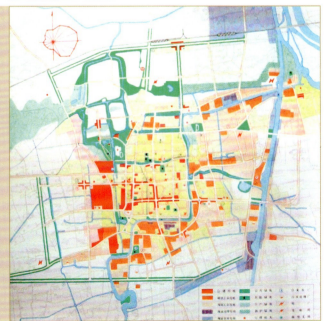

1982

扬州市域总面积6638km²，其中市辖区总面积1028km²，新中国成立60年来，市区建成区面积由1949年的6.7km²增至2008年的120km²，市区总人口由1949年的10万人增至2008年的约100万人，城市人均住房面积达35m²，城市人均公园绿地面积达13.67m²，建成区绿地率达37.8%。扬州是全国首批24座历史文化名城之一，是中国首批优秀旅游城市、全国生态建设示范市、国家城市信息化试点城市、全国创建文明城市工作先进市、国家卫生城市和国家环保模范城市，并荣获中国人居奖、联合国人居奖等荣誉称号。

在共和国成立以来的60年中，扬州共进行3次较大规模的城市总体规划编制和修编工作，同时城市发展也经历3个不同的发展阶段，即缓慢发展阶段（1949~1990年）、加速发展阶段（1990年~21世纪初）、全面快速发展阶段（2001~2008年）。城市在20世纪80年代前主要是依托旧城、边缘发展。第一轮城市总规（1982~2000年）确定的城市发展布局是"依托旧城，边缘外延"，城市发展主要向北。90年代初，扬州提出了"十年再建一个扬州城"和"沿江开发开放"的战略，适时进行了第二轮城市总规（1996~2010年）的编制工作，提出了"西进南下"的城市发展战略，即"保护古城，向西延伸建设新市区，向南建设经济开发区，跳跃开发沿江港口工业区"总体思路，为扬州古城保护和新城的快速建设打下坚实基础；进入21世纪，随着扬州融入"长三角"经济圈步伐的进一步加快，全市的经济建设和城市建设等各项事业呈现快速发展态势，同时也开始第三轮城市总规（2002~2020年）的编制工作。总规确定城市发展方向为"主导向南、西进东联"，为积极打造精致、人文、生态、宜居的新扬州提供规划引导，也为充分彰显扬州丰富的历史文化、宜人的城市空间尺度和秀美宜居的生态环境起到了重要作用。

瘦西湖综合保护工程

蜀冈-瘦西湖景区综合保护工程于2006年启动，主要目的是按照"生态环境看瘦西湖景区"的要求，进一步挖掘历史内涵、丰富人文景观、提升生态环境、完善配套功能，适应现代旅游，打造"国内一流、国际知名，融人文生态休闲为一体"的精致景区。3年来，累计拆搬迁农户2300多户、大小工厂作坊300多家，新建万花园、傍花村、宋文化展示区、笔架山生态区等大小项目26个，游览面积新增5km²，景区环境、品位、品质和价值进一步得到提升。

万花园：万花园总占地1000余亩，分两期推进，一期于2007年4月18日建成开放，二期2009年4月10日对外试开放。项目重点依托瘦西湖的历史文化背景，以花文化为主题，以古典历史名园为线索，恢复了清二十四景中的石壁流淙、锦泉花屿等历史景观。

笔架山生态休闲区：项目总占地1200余亩，主要是在保护原生湿地景观和区内河道、树木人文景观的前提下，利用宋夹城护城河及其两侧独特自然条件，以保留原生态风貌为特色，采用借景、透景、框景、障景等多种手段，建设一个既有野趣风韵又融合瘦西湖风光，渗透扬州历史又不失时代感的开放式生态公园，为广大扬州市民提供生态休憩新空间。

傍花村：项目毗邻万花园，总占地400余亩，主要是充分利用原有民居和自然生态环境，改造形成具有独特韵味，融温泉、住宿、餐饮、商业、休闲等多种元素为一体的高档休闲度假区域，将成为扬州由观光游向休闲游转型的标志产品。

新水上浏览线：项目主要通过宋夹城水系与瘦西湖、二道河、小运河、保障湖等水系的沟通，打造扬州整体水上旅游线路，形成城内与城外、生态与文化、宁静与喧嚣相互交融、互为补充的休闲新感觉，不断丰富水上游览内涵，重现扬州清新典雅、精致秀美水城形象。

景区整体亮化：项目重点是对平山堂路两侧所有景观建成区域进行整体亮化，用光影强化凸现景区自然和人文景观，营造美轮美奂的胜境、精彩纷呈的奇景、千年繁华的幻境。

世界动物之窗：该项目占地约182亩，建筑面积5600多m²，总投资1亿多元，主要分两期进行，将建成融生态环境、科普教育、现代娱乐为一体的青少年主题乐园。

瘦西湖·石壁流淙

1. 瘦西湖·水云胜概
2. 万花园别具特色的"锦泉花屿"
3. 何园·寄啸山庄水心亭

1. 瘦西湖·卷石洞天
2. 远眺灵塔
3. 瘦西湖·烟水全收

鉴真大和尚纪念堂

占地面积 2540m²
设计主持 梁思成先生

  扬州鉴真大和尚纪念堂是为纪念唐朝高僧鉴真而建，1974年竣工。我国著名建筑专家梁思成先生主持设计，施工图设计合作单位为扬州市建筑设计研究院有限公司（前身为扬州市革命委员会基本建设局设计室）。纪念堂位于扬州西北郊蜀冈的大明寺东北角，占地2540m²。建筑群由正殿、碑亭、东西回廊三部分组成。正殿坐北面南，与南侧碑亭组合，布置在纪念堂南北中轴线上，再由东西两侧长廊相抱，形成一个阔敞的庭院。院内花木扶疏，芳草如烟，扬州琼花和日本樱花生机盎然，古香古色，雅静而又壮观。各建筑单体内质外美，强调整体的和谐与真实，造型浑厚质朴，凹曲屋面，屋角起翘柔和大度，气度恢宏从容。正殿面阔五间，进深三间，梭形立柱，柱头施斗栱，单檐庑殿顶，正脊两端饰以鸱尾。堂内有方井仿唐彩绘天花，正中供鉴真大师像。碑亭面阔三间，单檐歇山顶。纪念碑采用横式，周围边框突出，中间阴文镌字。莲花座托碑，独具神圣。

  鉴真大和尚六次东渡，推动了日本文化的发展和科技的进步，鉴真大和尚纪念堂也成为中日友好的象征。

1
2
3

1. 鉴真大师像
2. 鉴真纪念堂正殿
3. 鉴真纪念堂鸟瞰

附录
光辉的历程
A Glorious Process

光辉的历程
新中国城市规划发展简史框架（1949～2009年）[1]

新中国的城市规划事业经历坎坷，日渐壮大。回顾60年的历程，城市规划工作对于保障经济增长、改善人居环境、促进社会和谐，发挥了不可替代的重要作用，新中国经济社会发展奇迹的背后，离不开城市规划默默无闻的贡献。客观地记载这段历史，对于我们开拓更加辉煌的未来有诸多启迪。

根据城市规划发展的实际特点，分6个阶段简要记述新中国城市规划发展的历史事件，以此作为对祖国六十华诞的纪念。

一、城市规划发展的初创时期（1949～1957年）

1949年10月1日，中华人民共和国成立，定都北平并改称北京。10月21日，中央人民政府政务院财政经济委员会（简称"中财委"）成立，委计划局下设基建处，主管全国的基本建设工作。

1950年2月14日，中苏两国签订《中苏友好同盟互助条约》等多项协议，苏联开始帮助我国进行国家建设。

1951年2月18日，中共中央发出《政治局扩大会议决议要点》的党内通报，指出"在城市建设计划中，应贯彻为生产、为工人阶级服务的观点"。3月28日，中财委发布《基本建设工作程序暂行办法》。

1952年8月7日，中央人民政府建筑工程部成立。9月1～9日，中财委召开第一次全国城市建设座谈会，要求加强规划设计工作，会上所讨论的《中华人民共和国编制城市规划设计程序(草案)》成为"一五"初期编制城市规划的主要依据。

1953年3月，建筑工程部设立城市建设局，下设城市规划处。5月，国家计划委员会成立基本建设联合办公室，下设城市建设组、设计组和施工组。9月4日，中共中央发出《关于城市建设中几个问题的指示》，指出重要工业城市规划工作必须加紧进行。7月13日，国家计委设立城市建设计划局，下设城市规划处。

---

[1] 国家自然科学基金资助项目"新中国城市规划发展史(1949～2009)"（批准号：50978236）

  1954年6月10～28日，建工部召开第一次全国城市建设会议，提出"城市规划是国民经济计划工作的继续和具体化"，明确城市建设必须为工业化、为生产、为劳动人民服务以及采取与工业建设相适应的"重点建设，稳步前进"的方针，并印发《城市规划编制程序暂行办法(草案)》、《关于城市建设中几项定额问题(草稿)》、《城市建筑管理暂行条例(草案)》。8月，建工部城市建设局改为建工部城市建设总局。8月，国家计委向中央报告有关城市建设问题，要求加紧进行重点工业城市的规划工作。9月8日，国家计委颁发《关于新工业城市规划审查工作的几项暂行规定》。10月22日，国家计委发出《关于办理城市规划中重大问题协议文件的通知》。10月，建工部城市建设总局城市设计院（中国城市规划设计研究院的前身）组建成立。11月8日，国家建设委员会成立，国家计委城市建设计划局划归国家建委领导，改名国家建委城市建设局。

  1955年4月9日，国务院成立直属的城市建设总局，原建工部城市建设总局撤销。6月，中共中央发出《坚决降低非生产性建筑标准》的指示，要求"在城市规划和建筑设计中，应做到适用、经济、在可能条件下注意美观"。6月9日，国务院通过《关于设置市、镇建制的决定》，明确了市、镇建制的标准。11月7日，国务院通过《关于城乡划分标准的规定》。

  1956年2月22日至3月4日，国家建委召开全国基本建设会议，会议拟订了《关于加强新工业区和新工业城市建设工作几个问题的决定》、《关于加强和发展建筑工业的决定》、《关于加强设计工作的决定》等草案。4月，国家建委城市建设局分为城市规划局、区域规划局和民用建筑局。5月8日，国务院批转《关于加强新工业区和新工业城市建设工作几个问题的决定》，要求积极开展洛阳、西安－宝鸡等10个地区的区域规划，加强城市和工人镇的规划工作。5月12日，城市建设部成立，下设城市规划局、设计局等，城市建设总局撤销。8月14日，国家建委颁发《城市规划编制暂行办法》，这是新中国第一部重要的城市规划立法。11月2～12日，城市建设部召开全国城市建设工作会议，提出了今后城市建设工作的意见。1956年，中国建筑学会城乡学术委员会（中国城市规划学会的前身）成立。

  1957年5月24日，《人民日报》发表《城市建设必须符合节约原则》的社论，批评城市建设规模过大、标准过高、占地过多及城市改扩建中的"求新过急"现象，即"反四过"。5月31至6月7日，国家计委、国家建委、国家经委联合召开全国设计工作会议，动员全国设计人员用整风精神检查和总结"一五"计划的经验教训。6月7～8日，城建部召开省、市、自治区城市建设厅(局)长座谈会，讨论了在城市规划和设计工作中如何贯彻勤俭建国的方针。

二、城市规划发展的动荡时期（1958～1965年）

1958年1月31日，国家建委、城建部发出《关于城市规划几项控制指标的通知》。2月1～11日，城市建设部与建筑工程部、建筑材料工业部合并为建筑工程部，下设城市建设局，主管全国城市建设和城市规划工作，国家建委撤销。6月27日～7月4日，全国城市规划工作座谈会在青岛召开，围绕城市规划如何适应全国大跃进的形势，讨论了城市规划工作的原则和具体方法，形成《城市规划工作纲要三十条（草案）》。10月12日，全国人大常委会决定设立国家基本建设委员会。

1959年10月，建工部城市建设局调整为城市建设局和城市规划局。

1960年2月15日，建工部副部长杨春茂在全国建筑工程厅局长扩大会议上作《以城市建设的大跃进来适应国民经济的大跃进》的报告。4月，建工部在广西桂林市召开了第二次全国城市规划工作座谈会，要求根据城市人民公社的组织形式和发展前途来编制城市规划，体现工、农、兵、学、商五位一体的原则。7月16日，苏联政府单方通知中国政府，中止大量在华援建活动。9月10日，建工部党组就城市规划问题向中央写出报告，提出今后城市建设的基本方针应以发展中小城市为主。同月，建工部城市规划局及城市设计院划归国家基本建设委员会领导。11月15日至12月23日，国家计委召开第九次全国计划会议，李富春副总理作《经济工作的十条经验教训》的报告，提出"三年不搞城市规划"，城市规划事业受到严重损失。

1961年1月30日，国家基本建设委员会撤销，城市规划局划归国家计委领导并改称城市建设计划局。

1962年6月21日，周恩来总理视察大庆矿区，归纳提出"城乡结合，工农结合，有利生产，方便生活"的十六字方针。10月6日，中共中央、国务院在第一次全国城市工作会议后，发出《关于当前城市工作若干问题的指示》。

1963年10月，中共中央召开第二次城市工作会议，会后下发《批准〈第二次城市工作会议纪要〉的指示》，要求各大中城市结合第三个五年计划的编制工作，开展城市近期建设规划的编制和总体规划的修改工作。

1964年4月，国家计委城市建设计划局划归国家经委领导，改称国家经委城市规划局，撤销城市设计院。12月1日，毛泽东在国家经委召开的设计院院长会议纪要上作出批示，群众性的设计革命运动开始。

1965年2月26日，中共中央、国务院发布《关于西南三线建设体制问题的决定》，成立西南三线建设委员会，以加强对整个西南三线建设的领导。3月31日，国家基本建设委员会成立，国家经委城

市规划局划归国家建委领导,建筑工程部分为建筑工程部与建筑材料工业部。3月16日至4月4日,国家建委召开全国设计工作会议。8月28日,国务院颁发《关于改进设计工作的若干规定(草案)》。

三、城市规划发展的停滞时期(1966～1976年)

1966年5月,"文化大革命"开始。城市规划工作废弛,造成不可挽回的重大损失。

1969年5月,建工部城市建设局被撤销,干部下放到河南省修武县"五七"干校。10月,国家基本建设委员会城市规划局被撤销,干部下放到江西省清江县"五七"干校。

1970年6月22日,中共中央决定撤销建工部、建筑材料工业部,成立国家基本建设革命委员会。9月8日,国务院提出第四个五年国民经济计划纲要(草案),提出工业建设要大分散、小集中,不搞大城市,工厂布点要"靠山、分散、隐蔽"。

1971年11月22～29日,国家建委召开城市建设座谈会,对国家建委放松城建工作提出了批评,要求加强城市规划等工作。

1972年5月30日,国务院批转国家计委、国家建委、财政部《关于加强基本建设管理的几项意见》,强调指出:城市的改建和扩建要做好规划。12月26日,国家建委决定成立城市建设局。

1973年9月8～20日,国家建委城市建设局在合肥召开城市规划座谈会,会议交流了合肥、杭州、沙市、丹东等城市开展城市规划的经验,征求了对《关于加强城市规划工作的意见》、《关于编制与审批城市规划的暂行规定》、《城市规划居住区用地控制指标》3个文件稿的意见。

1974年5月,国家建委下发《关于城市规划编制和审批意见》和《城市规划居住区用地控制指标(试行)》,这使十多年来被废弛的城市规划有了新的规范性依据。

1975年4月中旬,国家建委城建局在湛江召开小城镇建设座谈会,征求了对《关于加强小城镇建设的意见》和《关于城市规划的编制、审批和管理意见》两个文件稿的意见。

1976年7月28日,河北省唐山市发生7.8级地震,国家建委城建局规划人员立即全部出动,并调集全国各地规划人员共60多人开赴现场,于年底完成唐山重建的总体规划。10月6日,"四人帮"被粉碎,"文化大革命"结束。

四、城市规划发展的恢复时期(1977～1988年)

1977年5月14日,中共中央、国务院批复河北省《关于恢复和建设唐山规划的报告》。9月,《城市规划》杂志创刊。

1978年2月,国家建委组织全国29个单位的规划人员修订唐山市总体规划。3月6~8日,国务院召开第三次城市工作会议,会议制定《关于加强城市建设工作的意见》(后经中央批准印发),明确提出了"控制大城市规模,多搞小城镇"的方针。12月18日,党的十一届三中全会作出实行改革开放的重大决策,城市在商品经济和工业化过程中的积极作用逐渐被认知。

1979年3月,国家建委在杭州召开风景区工作座谈会,研究了重点风景区的保护和规划工作。5月10日,国务院成立直属的国家城市建设总局,《城市规划法(草案)》起草工作同时启动。

1980年4月6~27日,美国女建筑师协会来华进行学术交流,带来了土地分区规划管理(区划法,zoning)的新概念,此后控制性详细规划在我国逐步发展起来。7月10~17日,国家建委召开全国城市规划专家座谈会,研究了城市规划工作的指导方针和实施机制等问题。10月5~15日,国家建委召开全国城市规划工作会议,讨论制订《城市规划法》草案,提出了城市发展的指导方针和政策措施,并要求全国各城市在1982年年底以前完成城市总体规划和详细规划的编制,会议还首次提出土地有偿使用的建议。12月9日,国务院批转《全国城市规划工作会议纪要》,强调"城市规划是一定时期内城市发展的蓝图,是建设城市和管理城市的依据"、"城市市长的主要职责,是把城市规划、建设和管理好"。12月16日,国家建委颁发《城市规划编制审批暂行办法》和《城市规划定额指标暂行规定》。

1981年1月,国家城建总局城市规划局组织编写的《城市规划资料集》第1册正式出版(1983年12月出版第2册)。3月17日,国务院批转国家城建总局等部门《关于加强风景名胜保护管理工作的报告》。6月,城建总局召开全国城建局长座谈会,指出城市规划要从我国国情出发,结合城市的特点进行。

1982年2月8日,国务院批转国家建委、国家城市建设总局、国家文物局《关于保护我国历史文化名城的请示》,公布第一批24座历史文化名城。5月4日,城乡建设环境保护部成立,国家建委和国家城市建设总局撤销。6月15~23日,全国城乡建设环境保护工作会议召开,要求各地"抓紧搞好城市规划,按照城市规划建设和管理城市"。8月,中国城市规划设计研究院组建成立(该年度全国还有17个省、市成立了城市规划设计研究院、所)。11月23~27日,建设部城市规划局、文化部文物局召开历史文化名城规划和保护座谈会。12月4~10日,建设部城市规划局在湖南湘乡召开县镇规划座谈会,指出"积极发展小城镇,这是一个战略方针"。12月19~24日,由中国自然辩证法研究会发起的中国城市发展战略思想学术讨论会在京召开,决定筹备成立中国城市科学研究会(1984年1月20日正式成立)。12月22日,国务院批准建立上海经济区,并成立上海经济区规划办公室。

1983年5月28日,建设部、文化部发出《关于在建设中认真保护文物古迹和风景名胜的通

知》。11月5日，国务院批转建设部《关于重点项目建设中城市规划和前期工作意见的报告》。

1984年1月5日，国务院颁发《城市规划条例》，为我国城市规划和管理工作提供了重要的法律保障。3月2日，上海经济区城镇布局规划工作启动，此后全国各地广泛开展城镇体系规划工作。5月，国务院成立环境保护委员会，办公室设在城乡建设环境保护部，由环境保护局代行其职。7月24日，建设部城市规划局改由建设部和国家计委双重领导。8月6～10日，建设部召开沿海开放城市规划座谈会。10月20日，中共十二届三中全会通过《中共中央关于经济体制改革的决定》，指出"城市政府应该集中力量做好城市的规划、建设和管理"。10月，《深圳经济特区总体规划》编制工作启动，该规划于1986年3月完成，对市场经济条件下的城市规划理论和实践进行了有益探索。11月22日，国务院批转民政部《关于调整建镇标准的报告》。12月27日，建设部在合肥召开全国旧城改建经验交流会，研究推广合肥市在旧城改建中实行社会集资及进行统一规划、综合开发的经验。

1985年2月18日，中共中央、国务院批转长江三角洲、珠江三角洲和闽南厦漳泉三角地区座谈会纪要，我国的对外开放形成了从经济特区到沿海开放城市、再到沿海经济开放区的多层次逐步推进的新格局。6月7日，国务院发布《风景名胜区管理暂行条例》。8月30日，建设部、国家计委颁发《关于加强重点项目建设中城市规划和前期工作的通知》。12月7～10日，建设部城市规划局召开城市土地规划管理座谈会。

1986年4月19日，国务院批转民政部《关于调整设市标准和市领导县条件的报告》。6月6日，建设部和国家计委印发《关于加强城市规划工作的几点意见》，对"七五"期间如何加强城市规划工作提出了具体要求。6月25日，《土地管理法》颁布，明确了土地使用权的征用及有偿使用制度。11月25～30日，国务院召开全国城市建设工作会议。

1987年10月，建设部在山东省威海市召开全国首次城市规划管理工作会议。

1988年4月，七届人大一次会议通过《宪法修正案》，明确"土地的使用权可以依照法律的规定转让"，同时成立建设部，城乡建设环境保护部撤销，环境保护部门分出成立国家环境保护局。同年，建设部在吉林召开了第一次全国城市规划法规体系研讨会。

五、城市规划发展的调整时期（1989～1999年）

1989年12月26日，七届全国人大常委会表决通过《中华人民共和国城市规划法》，这是我国第一部城市规划的法律。

1990年2月23日，建设部颁发《关于统一实行建设用地规划许可证和建设工程规划许可证的通

知》，建立了"一书二证"的城市规划管理制度。5月19日，国务院颁布《中华人民共和国城镇国有土地使用权出让和转让暂行条例》，明确了土地使用权出让、转让、出租、抵押等基本制度。7月2日，建设部批准《城市用地分类与规划建设用地标准》为强制性国家标准。

1991年8月，建设部、国家计委共同颁布《建设项目选址规划管理办法》。9月3日，建设部颁布《城市规划编制办法》（2006年进一步修订）。

1992年1月18～21日，邓小平南巡武昌、深圳、珠海、上海等地并发表重要讲话，对90年代的经济体制改革和城市建设起到了关键的推动作用。1月21日，国务院批转建设部《关于进一步加强城市规划工作的请示》。6月22日，国务院颁布《城市绿化条例》。12月4日，建设部颁发了《城市国有土地使用权出让转让规划管理办法》。

1993年6月29日，国务院颁布《村庄和集镇规划建设管理条例》。7月16日，建设部批准《城市居住区规划设计规范》为强制性国家标准。

1994年4月，建设部颁发了"高等学校建设类专业教育评估暂行规定"，城市规划教育评估制度逐步建立。6月15日，建设部颁发《城镇体系规划编制办法》。7月5日，八届全国人大常委会通过《中华人民共和国城市房地产管理法》。7月19～22日，中国城市规划协会在京成立。10月27日，建设部颁发《关于加强城市地下空间规划管理的通知》。12月14日，长江三峡工程正式开工，库区移民及城镇迁建规划逐步实施。

1995年1月14日，建设部批准《城市道路交通规划设计规范》为强制性国家标准（1995年9月1日施行）。6月8日，建设部颁发《城市规划编制办法实施细则》。6月，《珠江三角洲经济区城市群规划》编制工作启动。

1996年5月8日，国务院发出《关于加强城市规划工作的通知》，指出"城市规划是指导城市合理发展，建设和管理城市的重要依据和手段，应进一步加强城市规划工作"。同年，浙江省启动《浙江省城镇体系规划（1996～2010）》编制工作，并于1999年9月经国务院批准实施，这是全国第一个批准实施的省域城镇体系规划。

1998年3月10日，九届人大一次会议决定组建国土资源部。6月，建设部高等教育城市规划专业评估委员会组织首次城市规划专业评估。8月13日，建设部批准《城市规划基本术语标准》（GB/T 50280-98）为推荐性国家标准。

1999年4月7日，人事部和建设部联合颁布《注册城市规划师执业资格制度暂行规定》及《注册城市规划师执业资格认定办法》，我国开始实施城市规划师执业资格制度。6月23日，国际建协第20届世界建筑师大会在北京召开，大会通过了《北京宪章》。

六、城市规划发展的繁荣时期（2000~2009年）

2000年3月13日，国务院办公厅发布《关于加强和改进城乡规划工作的通知》，指出"城乡规划是政府指导和调控城乡建设和发展的基本手段，是关系我国社会主义现代化建设事业全局的重要工作"。6月13日，中共中央、国务院发布《关于促进小城镇健康发展的若干意见》，指出"发展小城镇，是实现我国农村现代化的必由之路"。6月，广州市政府组织开展广州城市总体发展概念规划的咨询工作，此后国内各大中城市纷纷兴起战略规划（概念规划）的编制热潮。10月，第一次全国注册城市规划师执业资格考试在各地举行。

2001年12月10日~13日，中国城市规划学会在杭州召开年会，自此每年举办该学术活动，自2006年起正式定名为"中国城市规划年会"，参会人数逐年增加，目前已成为我国城市规划领域参会人数最多、学术水平最高、影响最大的全国性盛会。

2002年5月，国务院下发《国务院关于加强城乡规划监督管理的通知》，指出"城乡规划是政府指导、调控城乡建设和发展的基本手段"，"市长、县长要对城乡规划的实施负行政领导责任"。7月，由中国城市规划学会、全国市长培训中心主编的《城市规划读本》正式出版，这是我国正式出版的第一本针对领导干部的知识性读物。8月12日，全国城乡规划工作会议在北京召开。9月9日，建设部审议通过《城市绿线管理办法》。11月，大型丛书《城市规划资料集》第四分册"控制性详细规划"率先出版，该丛书共11分册，截至2008年4月全部出版。

2003年6月，中国城市规划学会等单位联合主办"中国近代第一城"研讨会，指出近代实业家张謇先生在城市规划和建设领域的贡献与世界现代城市规划实践完全同步。7月30日，国务院办公厅发布《关于清理整顿各类开发区、加强建设用地管理的通知》，强调开发区的选址和建设用地必须符合城镇体系规划、城市总体规划。9月，国务院下发《国务院关于促进房地产市场持续健康发展的通知》，要求"充分发挥城乡规划的调控作用"。10月8日，建设部和国家文物局下发《关于公布第三批中国历史文化名镇（村）的通知》，公布首批10个中国历史文化名镇和12个中国历史文化名村。11月15日，建设部审议通过《城市紫线管理办法》。

2004年3月30~31日，建设部在成都召开城市规划管理体制改革座谈会。6月6日，国务院办公厅发出《关于控制城镇房屋拆迁规模、严格拆迁管理的通知》，指出拆迁许可证的发放必须符合城市规划及控制性详细规划。7月16日，国务院发布《关于投资体制改革的决定》，将城市规划纳入"企业投资监管体系"。10月21日，国务院发布《关于深化改革、严格土地管理的决定》，要求地方政府将城市规划区内因征地而导致无地的农民"纳入城镇就业体系，并建立社会保障制度"。11月5~9日，

中国城市规划协会成立10周年庆祝活动在武汉举行，会议通过《中国城市规划行业自律公约》。

2005年4月，建设部以"保持共产党员先进性教育活动"为契机，开始组织《全国城镇体系规划（2006～2020）》的编制工作，该规划于2007年1月上报国务院。5月19日，建设部下发《关于建立派驻城乡规划督察员制度的指导意见》，后于2006～2009年分四批向51个城市派驻了68名城乡规划督察员。9月25日，中共中央政治局就"国外城市化发展模式和中国特色的城镇化道路"举行第二十五次集体学习，胡锦涛发表讲话指出，要"坚持大中小城市和小城镇协调发展，逐步提高城镇化水平"，"推进城镇化健康有序发展，必须坚持以规划为依据，以制度创新为动力，以功能培育为基础，以加强管理为保证"。10月11日，党的十六届五中全会通过了"十一五"规划，提出社会主义新农村及城市群的建设要求，此后各地广泛开展新农村规划和城市群规划工作。10月22日，国务院发布《关于加强国民经济和社会发展规划编制工作的若干意见》，要求编制跨省（区、市）区域规划要充分考虑城市规划的要求。11月8日，建设部审议通过《城市黄线管理办法》。11月28日，建设部审议通过《城市蓝线管理办法》。12月31日，中共中央、国务院发布《关于推进社会主义新农村建设的若干意见》，指出推进新农村建设"必须坚持科学规划，实行因地制宜、分类指导，有计划有步骤有重点地逐步推进"。

2006年1月9～11日，全国科学技术大会部署实施《国家中长期科学和技术发展规划纲要（2006～2020年）》，"城镇化与城市发展"被列为11个重点领域之一。2月23日，国务院办公厅转发建设部《关于加强城市总体规划工作意见》的通知。5月26日，国务院下发《推进天津滨海新区开发开放有关问题的意见》，此后广西北部湾、长三角、珠三角、海峡西岸、江苏沿海及辽宁沿海等地区的发展规划也相继通过国务院审议，纳入新一轮沿海地区开放开发的国家战略部署。9月6日，国务院审议通过《风景名胜区条例》。9月21日至23日，2006中国城市规划年会暨中国城市规划学会成立50周年庆典在广州市召开，会议通过了"以科学规划促和谐发展"为主题的《中国城市规划广州宣言》，提出了"建设健康安全、人人享有的城市"的目标。10月11日，国务院办公厅发布《关于开展全国主体功能区划规划编制工作的通知》。

2007年3月16日，《中华人民共和国物权法》颁布，控制性详细规划的意义和作用被进一步认知。5月10日，国家有关部门正式批复，批准中国城市规划学会加入国际城市与区域规划师学会（ISOCARP），按照一国一会的原则，中国城市规划学会作为中国在该国际组织的正式代表。5月31日，第二届"全国规划院长工作会议"在北京召开，会议通过《全国规划院院长共识》和《全国城市规划编制单位自律公约》。10月28日，十届人大常委会第三十次会议通过《中华人民共和国城乡规划法》，我国城市规划工作进入城乡一体化发展的新时代。

2008年3月11日，住房和城乡建设部成立，下设城乡规划司主管全国的城乡规划工作，建设部

撤销,国家环境保护总局升格为环境保护部。4月2日,国务院审议通过《历史文化名城名镇名村保护条例》。5月12日,四川汶川地区发生8.0级特大地震,住房和城乡建设部组织全国各地建设系统赴地震灾区开展灾后重建规划。5月20日,住房和城乡建设部颁布《住房和城乡建设部城乡规划督察员管理暂行办法》。6月4日,国务院通过《汶川地震灾后恢复重建条例》。9月19日,国务院原则同意《汶川地震灾后恢复重建总体规划》。9月20日~23日,中国城市规划学会承办了国际城市与区域规划师学会"第44届国际规划大会",这是国际规划组织第一次在我国召开国际规划大会。

2009年4月10日,住房和城乡建设部与监察部联合下发《关于对房地产开发中违规变更规划、调整容积率问题开展专项治理的通知》。5月11日,胡锦涛总书记在四川绵阳北川新县城规划建设展示厅现场听取了中国城市规划设计研究院所作的总体规划汇报,并亲切接见了全国各地参与汶川灾后重建规划和建设工作的有关代表。8月17日,温家宝总理签署国务院令,公布《规划环境影响评价条例》。31日,住房和城乡建设部在杭州市召开长三角地区城乡规划督察员座谈会。

执 笔:李 浩

主要参考文献:

[1] 曹洪涛,储传亨. 当代中国的城市建设[M]. 北京:中国社会科学出版社,1990.

[2] 中国城市规划学会. 五十年回眸——新中国的城市规划[M]. 北京:中国建筑工业出版社,1999.

[3] 中国城市规划学会. 规划50年——中国城市规划学会成立50周年纪念文集[M]. 北京:中国建筑工业出版社,2006.

[4] 中国城市规划学会. 中国城市规划学会大事记.www.planning.org.cn.

[5] 袁镜身,王弗. 建筑业的创业年代[M]. 北京:中国建筑工业出版社,1988.

[6] 邹德慈. 中国现代城市规划发展和展望[J]. 城市,2002(4):3-7.

[7] 王凯. 我国城市规划五十年指导思想的变迁及影响[J]. 规划师,1999(4):23-26.

[8] 建设部城市规划司. 继往开来·开拓前进——我国城市规划四十年回顾[J]. 城市规划,1989(6):3-8.

[9] 圭文. 继往开来乘胜前进——三十五年城市规划回顾与展望[J]. 城市规划,1984(5):3-6.

[10] 赵锡清. 我国城市规划工作三十年简记(1949~1982)[J]. 城市规划,1984(1):42-48.

[11] 陈锋. 改革开放三十年我国城镇化进程和城市发展的历史回顾和展望[J]. 规划师,2009(1):10-12.

[12] 黄鹭新等. 中国城市规划三十年(1978~2008)纵览[J]. 国际城市规划,2009(1):1-8.

后 记

以宏观的人类历史发展而言，60年只是沧海一粟，而这短暂的60年却足以创造出惊人的奇迹，见证天翻地覆的变化。60年来，新中国在经济建设、政治建设、文化建设、社会建设等方面都取得的辉煌成就，足以让世人惊叹。

为讴歌新中国建设领域走过的60年光辉之路，展现祖国建设事业发展取得的举世瞩目成就，中国建筑工业出版社联合中国城市规划学会、中国建筑学会、中国风景园林学会，共同策划、编撰、出版了这本《城市奇迹——新中国城市规划建设60年》，希望以图书的形式，记录新中国成立60周年来祖国的建设事业在城市规划、建筑设计、风景园林等各领域取得的辉煌成果与历史足迹。

在该书的出版过程中，中国建筑工业出版社给予高度重视，联合多家主编单位多次开会讨论，对图书内容、读者定位、装帧形式等进行了深入的研究和讨论。为把这本书编纂成综合性、资料性、权威性兼具的大型画册，策划前期我们召开了"项目提名及推介专家研讨会"，会议邀请了全国建筑、城市规划、风景园林领域的近三十位专家、领导，分组展开讨论，分别提名、推荐了全国部分较具代表性的城市，并在这些城市中选取城市规划、建筑设计、风景园林领域里的重要项目和作品，以折射出新中国六十年规划建设的丰硕成就。同时，为本书提供了必要的技术支持和权威的内容保障。

中国城市规划学会石楠秘书长、中国建筑学会周畅秘书长、中国风景园林学会金荷仙副秘书长，在繁忙的工作之余，投入了大量时间与精力完成主编工作，并且参与了很多琐碎的编辑工作。同时，中国建筑工业出版社王珮云社长对本书予以大力支持，参与并密切关注本书的出版过程；张惠珍副总编倾注了大量心力，直接指导并参与了前期策划、编委会召开、内容审定等大量具体工作；王伯扬编审为本书提出了很多有益的意见和建议；负责编辑工作的张振光副主任，编辑张幼平、费海玲在出版过程中也付出了大量劳动；中国城市规划学会的曲长虹、耿宏兵、黄晓丽同志，参与了本书的策划、资料收集、整理与编辑工作，为本书的顺利出版作出了贡献。

尤其要感谢的是各城市无偿为我们提供编辑资料的众多单位，在此列出表示深深的感谢！正是大家的积极参与，广泛发挥了集体的智慧与力量，才使得本书得以顺利出版。

除书中注明的资料提供者外，其余资料均由以下单位提供：

北京市规划委员会	北京市公园管理中心
天津市规划局	
上海市规划和国土资源管理局	
重庆市规划局	重庆市南山植物园
石家庄市规划局	石家庄市园林局
哈尔滨市城乡规划局	

长春市城市规划协会		
沈阳市规划设计研究院		
南京市规划局		
杭州市城市规划设计研究院		
福州市城乡规划局	福州市园林局	
合肥市规划局	合肥市规划学会	
山东省建设厅	济南市园林管理局	
郑州市规划局		
武汉市规划局	武汉市城市规划设计研究院	
长沙市规划管理局		
广州市城市规划协会		
南宁市规划局		
海口市园林管理局		
成都市规划设计研究院	成都市林业和园林管理局	
拉萨市国土资源规划局		
西安市城市规划设计研究院		
兰州市规划局	兰州市园林局	
西宁市园林局		
乌鲁木齐市规划局		
深圳市城市规划发展研究中心		
大连市规划局		
青岛市规划局		
厦门市规划局		
唐山市规划局		
大同市规划局		
无锡市规划局	无锡市园林局	
淮南市园林管理局		
洛阳市规划局	洛阳市园林局	
淄博市规划局	淄博市园林局	
邯郸市规划局	邯郸市风景园林学会	
苏州市规划局	苏州市园林和绿化管理局	
汕头市规划局		
秦皇岛市规划局	秦皇岛市园林局	秦皇岛城市规划协会
烟台市规划局		
湛江市规划局		
北海市园林管理局		
威海市规划局		
扬州市规划局		

限于出版期限的因素，原计划列入本书的部分省会城市未能按时提供相关资料和素材，只能留待修订再版时补充完善。